"十四五"中等职业学校教材

制药工艺基础

ZHIYAO GONGYI JICHU

王中博　李艳鹏　王　萍　主　编

侯林艳　李雨田　张　然　副主编

任学慧　主　审

化学工业出版社

·北京·

内容简介

制药工艺基础是一门综合性工程技术课程，涉及的知识面广，内容丰富；理论和实践性强。本书分为 11 章，主要介绍制药工艺学的研究内容、化学制药工艺概述、制药工艺路线的选择和优化、制药工艺条件的研究、中试放大、典型化学药物——布洛芬的生产工艺、药物制剂工艺、片剂生产工艺、空气洁净与灭菌、中药和天然药物制药工艺、生物制药工艺等内容。每章设有知识目标、技能目标、思政素质目标、课堂互动、知识链接、实例解析、习题等教学环节，以便教学过程的实施和学生的自学。

本教材内容注重基础性、实用性，贴近岗位、贴近中职学生实际，旨在让学生对制药工艺学基础知识和理论有一个整体的了解和掌握，主要适用于中等职业学校药物制剂专业、中药专业的学生使用，也可作为中等专业学校相关制药工艺学课程的教辅教材。

图书在版编目（CIP）数据

制药工艺基础 / 王中博，李艳鹏，王萍主编.
北京 ：化学工业出版社，2024.8. -- （"十四五"中
等职业学校教材）. -- ISBN 978-7-122-45792-9

Ⅰ. TQ460.1

中国国家版本馆 CIP 数据核字第 20242CR166 号

责任编辑：李　瑾　蔡洪伟　　　　　　装帧设计：王晓宇
责任校对：赵懿桐

出版发行：化学工业出版社
　　　　　（北京市东城区青年湖南街 13 号　邮政编码 100011）
印　　装：北京科印技术咨询服务有限公司数码印刷分部
787mm×1092mm　1/16　印张 13¾　字数 274 千字
2025 年 1 月北京第 1 版第 1 次印刷

购书咨询：010-64518888　　　　　售后服务：010-64518899
网　　址：http://www.cip.com.cn

凡购买本书，如有缺损质量问题，本社销售中心负责调换。

定　　价：39.00 元　　　　　　　　版权所有　违者必究

编审人员名单

主 编：王中博 李艳鹏 王 萍

副 主 编：侯林艳 李雨田 张 然

编写人员：王中博 李艳鹏 王 萍 侯林艳

李雨田 张 然 王新宇

主 审：任学慧

前　言

制药工艺基础是药物制剂专业的专业核心课程，主要研究药物工业生产过程的制备原理、工艺过程和质量控制等共性规律及其应用，其理论体系主要涉及化学制药工艺学、药物制剂工艺学、中药和天然药物制药工艺学以及生物制药工艺学的研究内容。通过对该课程的学习，学生应在掌握基本理论的基础上，理论联系实际，对原料药和制剂的生产工艺有一定了解和掌握，具备一定的分析和解决制药工业生产中实际问题的能力。

本教材共分为 11 章，主要介绍制药工艺学的研究内容、化学制药工艺概述、制药工艺路线的选择和优化、制药工艺条件的研究、中试放大、典型化学药物——布洛芬的生产工艺、药物制剂工艺、片剂生产工艺、空气洁净与灭菌、中药和天然药物制药工艺、生物制药工艺等内容。每章设有知识目标、技能目标、思政素质目标、课堂互动、知识链接、实例解析、习题等教学环节，使学生能学以致用，理实一体。

本教材在编写过程中，以药物制剂生产及相关职业岗位对知识和技能的需求为依据，坚持基础理论够用、实用、适用为原则，以学生技能的掌握为核心，尽量简化、通俗化理论知识，删减与其他学科有交叉的部分内容。知识链接环节保证了学生对教学内容的深层理解和把握，提高了学生的学习效率。实例解析环节，可供教师在实际教学中，根据课堂内容，随时组织学生开展案例分析和工艺讨论等活动，采用"启发式""互动式""案例式"教学手段，以启迪学生思维，注重知识的应用，突出实践能力的培养。课堂互动与课后习题环节，基本可满足对学生的知识水平和能力水平的平时测验、考核等多种形式综合考评的需求，并可根据具体知识点设计基于岗位能力分析的教学情景，使学生更好地适应职业岗位培养的需要。

本书编写分工：第一至三章由王中博编写，第四章由王中博、李艳鹏编写，第五章由李艳鹏编写，第六、第七章由王萍编写，第八章由侯林艳编写，第九、第十一章由张然编写，第十章由李雨田、王新宇编写。全书由任学慧教授主审。

由于编者水平有限，书中不妥之处在所难免，恳请各位专家、学者批评指正！

编者
2024 年 4 月

目 录

参考文献

第一章

绪论

🌐 知识目标

1. 了解和掌握制药工艺学的课程内容、学习目的、学科任务等;
2. 熟悉和掌握制药工艺学的研究内容;
3. 了解并掌握现代制药工业的基本特点;
4. 了解并掌握四种典型的药物生产过程的制药工艺学的研究内容;
5. GMP 作为药品生产必须遵守的文件,也应对其基础知识有一定认识和掌握。

🎯 技能目标

1. 能够举例说明制药工艺学的研究内容;
2. 能够结合生活常见药品,阐述现代制药工业的基本特点;
3. 能够结合生活常见药品,举例说明三种典型的药物及其特点。

💡 思政素质目标

树立"质量第一"的药品质量意识,强化从事药品生产的职业责任感和使命感。

一、制药工艺学的学科任务

1. 制药工艺学的概念

制药工艺学（pharmaceutical technology）是一门工程性和实验性较强，研究药物工业化生产过程的制备原理、工艺路线和质量控制的学科。

2. 制药工艺学的学科地位

制药工艺学是建立在有机化学、药物学、药物化学、药物分析、药剂学、中药学、生物技术、工程学（特别是化工原理）以及药事管理学等基础专业课程上的一门专业核心课程。

因为药品种类繁多，生产工艺流程多样、过程复杂，制药工艺作为把药品产品化的一种技术过程，贯穿于药物研究、开发和生产的整个过程，是现代医药行业的关键技术领域，学习并掌握制药工艺学的相关专业知识具有非常重要的意义。

3. 制药工艺学的学科任务

（1）研究、设计和选择安全、经济、先进的药物工艺路线。

（2）解决药物在生产和工业化过程中的工程技术问题。

（3）实施《药品生产质量管理规范》（GMP）。

（4）根据原料药物的理化性质、产品的质量要求和设备的特点，研究并确定高产、节能的工艺路线和工业化的生产过程。

（5）持续对制药工艺过程进行工艺改造，以实现制药生产过程最优化。

（6）注意制药"三废"的处理与环境保护。

二、制药工艺学的研究内容

制药工艺学是综合应用化学、生物、制药设备与单元操作等课程的知识，考虑药品的特殊性，针对生产条件、所需环境等的具体要求，研究药物生产原理、工艺路线与过程优化、中试放大、生产操作技术、质量控制和单元操作，分析和解决生产过程实际问题的学科。

药物按照制造技术可分为化学合成药物（synthetic drug）、生物合成药物（bio-synthetic drug）和中药（Chinese materia medica）三大类。为此，可根据典型的药物生产过程，把制药工艺分为化学制药工艺、生物技术制药工艺、中药制药工艺以及药物制剂工艺四大类。

1. 化学制药工艺

化学制药工艺是采用化学方法，研究药物的合成路线、原理、工业生产过程及实现生产最优化的一般途径和方法。其主要是阐述化学合成药物的生产工艺原理、工艺路线的选择和优化、典型药物的生产工艺等的学科。因为大部分原料与中间体都是易燃易爆、有毒的物质，所以生产中要求安全操作，其工艺路线要求短、简洁和容易组织生产。"三废"必须处理并减少到最低，需要做到无污染、绿色环保。

化学制药工艺的特点：品种多、更新快、生产工艺复杂、原辅材料多、产量小、质量要求高、基本采用间歇生产方式、有毒、易燃、易爆、"三废"多且成分复杂、易危害环境。

2. 生物技术制药工艺

生物技术制药工艺是以生物体、生物组织、体液或其代谢产物为原料，应用现代生物技术通过活性物质制取生物药品的过程。生物药品包括抗生素（发酵工程）、生化药品（直接从生物体分离纯化）和生物制品（基因工程、细胞工程等产物）等。生物技术制药工艺包括两个基本过程：上游过程（获得药物）和下游过程（后处理）。

生物药品的特点：治疗针对性强、疗效高，营养价值高、毒副作用小，免疫性副作用常有发生，原料多样性、易腐败，成分活性条件要求高（如 pH、溶解氧、化学需氧量、温度等），对剂型、生物活性、安全性检验均有特殊规定。

3. 中药制药工艺

中药制药工艺是以传统的中医药理论为基础，将传统中药生产工艺与现代生产技术相结合，对方剂中的药物进行分析，进行中药剂型选择、工艺路线设计和工艺条件的筛选等。

中药制药工艺主要研究内容包括中药饮片生产工艺、中药制药生产单元过程、中药制剂的工业化生产、中药现代化生产工艺基础的相关内容。此外，还包括中药有效成分的提取新技术，如超临界流体萃取技术、超声提取技术、微波提取技术、超微粉碎技术、膜分离工艺技术、大孔树脂吸附分离技术等。

4. 药物制剂工艺

药物制剂工艺是研究药物剂型的生产工艺、设备和质量控制，按照不同的临床医疗要求，设计、制造不同的药物剂型，与最终药品的质量、疗效、安全性、稳定性关系密切的学科。其主要研究内容包括固体制剂和灭菌制剂常用辅料的性质、特点、应用和配伍，药物制剂辅料的发展，固体口服制剂及灭菌制剂工艺操作过程，生产过程中常见问题和处理方法等。

> **知识链接**

1. 药物

主要指各种具有药理作用的活性成分，一般指原料药，不能直接用于患者。

2. 药品

药品是经国家批准的有治疗作用的原料药和制剂产品。

3. 原料药

原料药指通过化学合成、半合成以及微生物发酵或天然产物分离获得的，经过一个或多个化学单元反应及其操作制成，用于制造药物制剂的活性成分。这种物质可用来促进药理学活动并在疾病的诊断、治疗或疾病的预防方面有直接的作用，或影响人体功能，称为药物活性成分（active pharmaceutical ingredient，简称 API；药物活性成分也即通常所说的原料药）。

4. 药物制剂

任何药物在临床使用前都必须将其制成适合于治疗或预防疾病应用的形式，称之为药物制剂，简称剂型。

三、制药工业的特点

制药工业是指药物的工业生产过程，药物包括原料药、中药和药物制剂等。

原料药是药品生产的基础，当加工制成适合于服用的药物制剂时，才称之为药品。

制药工业既是国民经济的一个部门，又是一项关系到治病、防病、保健、计划生育的社会福利事业。

1. 分工细致、质量管理规范

制药工业也同其他工业一样，既有严格的分工，又有密切的配合。在医药生产系统中有原料药合成厂、制剂药厂、中成药厂，还有医疗器械设备厂等。这些工厂虽然各自的生产任务不同，但必须密切配合，才能最终完成药品的生产任务。在现代化的制药企业中，由于劳动分工细致，对产品的质量自然要求严格，如果一个生产环节出了问题、质量不合格，就会影响整个产品的质量，更重要的是因为药品是直接提供给患者的，若产品质量不合格，就会危害到患者的健康和生命安全。所以，每个国家都有药品管理法和药品生产质量管理规范，用法律的形式将药品生产经营管理确定下来，这充分说明了医药企业确保产品质量的重要性。

2. 生产过程复杂、原辅料品种繁多

在药品生产过程中，涉及的原料、辅料和产品种类繁多。虽说每个制造过程大致可由回流、蒸发、结晶、干燥、蒸馏和分离等几个单元操作串联组合，但由于一般的有机化合物合成均包含有较多的化学单元反应，其中往往又伴随着许多副反应，使整个操作变得复杂化。更何况在连续操作过程中，由于所用原料不同、反应条件不同，又经管道输送，原料和中间体中有很多易燃易爆、易腐蚀和有害的物质，这就带来了操作技术的复杂性和多样性。

3. 高技术、高投入、高效益

制药工业是一个以新药研究与开发为基础的工业，而新药的开发需要投入大

量的资金。药物品种多、更新快，新药开发工作要求高、难度大、代价高、周期长。一些发达国家在此领域中的资金投入仅次于国防科研，居其他各种民用行业之首。高投入带来了高产出、高效益，某些发达国家制药工业的总产值已跃居各行业的第五至第六位，仅次于军火、石油、汽车、化工等。其巨额利润主要来自受专利保护的创新药物，制药工业也是一个专利保护周密、竞争非常激烈的行业。

4. 全程质量控制，必须遵守 GMP（高质量）

由于药品是一种特殊的商品，医药工业是特殊的行业，世界卫生组织（WHO）以及许多国家和地区，对药品从研究开发、临床试验、新药审批、质量标准到生产管理、流通销售和临床使用，均实行了严格的特殊管理。除各国都有国家法典——药典，对药品标准检验方法、剂量与用法等做出严格规定外，主要还有《药品生产质量管理规范》（GMP）等法律性规定。

总之，现代制药工业的特点是技术含量高、药品种类繁多，生产工艺流程多样、过程复杂，生产分工细致，生产具有比例性和连续性。其发展方向是全封闭自动化、全程质量控制、在线可视化分析监测、大规模反应器生产和新型分离技术的综合应用。

四、GMP 基础知识

1. GMP 实施目的

GMP 是 good manufacturing practice 的简称，指在生产全过程中，用科学、合理、规范化的条件和方法来保证生产优良药品的一整套科学管理方法。它是药品生产过程中保证生产出优质药品的管理制度，是药品生产企业管理生产和质量的基本准则，是指导药品生产和质量管理的法规。

GMP 特别注重在生产过程中对产品质量与卫生安全实施自主性管理制度。它是一套适用于制药、食品等行业的强制性标准，要求企业从原料、人员、设施设备、生产过程、包装运输、质量控制等方面按国家有关法规达到卫生质量要求，形成一套可操作的作业规范，帮助企业改善卫生环境，及时发现生产过程中存在的问题，并加以解决。

简要地说，GMP 要求生产企业具备良好的生产设备，合理的生产过程，完善的质量管理和严格的检测系统，确保最终产品的质量（包括食品安全卫生）符合法规要求。

随着医药科学领域的技术进步，药品质量要求也会更加严格，确保药品质量已成为制药生产中的重点，因而实施 GMP 是有必要的，仅靠事后把关进行成品检查来保证质量，有其局限性。这是因为药品成品的检验多属于破坏性检验，不可能检验每一支安瓿、每一粒药片，只能按批次进行抽样检验。而药品检验项目的确立，是以工业生产及保证药品安全有效为主要依据，也有其局限性。同时，进行药品检验的仪器和操作也会有误差。这都说明仅靠成品检验把关是不够的。对于关系人们生命健康的制药企业来说，引进和实施 GMP 具有非常重要的意义。

实施 GMP 是我国医药行业与国际接轨的重要措施，也是参加国际医药市场竞争的基本条件。推行 GMP 不仅是我国医药走向世界的需要，也是调整医药产业结构、引进新品种新技术的需要，更是净化医药市场、保证人民群众用药安全有效的需要。

通过实施并执行 GMP 在人员、厂房、设备、卫生、原辅料及包装材料、生产管理、包装和贴标、生产管理和质量管理文件、质量管理部门、自检、销售记录、用户意见和不良反应报告等方面的一系列规范，来保证达到一个共同的目的，即生产出安全有效、均一稳定的符合质量标准的药品。这些目的分述如下：

（1）防止不同药物或组分之间发生混杂；

（2）防止由其他药品或其他物质带来的交叉污染的情况发生，包括物理污染、化学污染、生物污染和微生物污染等；

（3）防止差错、防止量值传递和信息传递失真，把人为误差降至最低限度；

（4）防止遗漏任何生产和检验步骤的事故发生；

（5）防止任意操作及不执行标准与低限投料等违法、违章事故发生，保证药品的高质量。

药品管理法规要求药品生产企业要认真执行 GMP，一切有记录可查。只要切实按照 GMP 去做，就能防止事故的发生，就能始终生产出符合一定质量要求的药品。

2. GMP 核心内容

GMP 的中心指导思想是任何药品质量的形成是设计和生产出来的，而不是检验出来的。因此必须强调预防为主，在生产过程中建立质量保证体系，实行全面质量保证，确保药品质量。

GMP 是药品生产质量全面管理控制的准则，其内容可概括为"三件"，即湿件、硬件和软件。湿件是指人员；硬件是指厂房设施、设备等；软件是指组织制度、工艺操作、卫生标准、记录、教育、管理规定。

习　题

一、填空题

1. 制药工艺学是一门工程性和实验性较强，研究药物工业化生产过程的_____、_____和_____的学科。

2. 药物按照制造技术可分为_____、_____和_____三大类。

3. 制药工业是指药物的工业生产过程，药物包括_____、_____和_____等。原料药是药品生产的基础，当加工制成适合于服用的_____时，才称之为药品。

4. 生物药品包括_____、_____和_____等。

5. 中药制药工艺主要研究内容包括_____、_____、

_____、中药现代化生产工艺基础的相关内容。

6. GMP 是药品生产质量全面管理控制的准则，它的内容可概括为三件，即

_____、_____和_____。

二、简答题

1. 简述制药工艺学的学科任务。

2. 根据典型药物的生产过程，制药工艺可分为哪四类？

3. 简述制药工业的特点。

4. 什么是 GMP？

5. 实施 GMP 的目的是什么？

第二章
化学制药工艺概述

知识目标

1. 掌握化学合成药的概念、化学药物的合成方法及其特点;
2. 了解化学制药工艺学的研究对象、内容、任务;
3. 了解化学制药研究的发展趋势,熟悉国内外制药工业发展的概况;
4. 掌握化学制药工业的特点;
5. 熟悉新药研发的主要任务。

技能目标

1. 能够区分化学合成药、原料药等基本概念;
2. 能够运用网络,查阅相关资料,了解化学制药研究的发展趋势;
3. 能够查阅网络资料,说出国内外知名的药品生产企业及各自典型的"重磅炸弹"药物。

思政素质目标

强化药品质量意识,树立药品安全生产理念,强化从事药品生产的职业责任感和使命感,并树立崇高的职业理想。

第一节　化学药物概述

化学合成药（synthetic drug）是指以结构较简单的化合物或具有一定基本结构的天然产物为原料，经过一系列化学反应制得的对人体具有预防、治疗及诊断作用的药物。

一、化学药物的合成方法

化学合成药的生产绝大多数采用间歇法，按照其起始原料的来源及化学结构的复杂程度大致分为三种：

1. 全合成

一般由化学结构比较简单的化工原料经过一系列化学合成和物理处理制备药物的过程，称为全合成。大多数化学合成药是用基本化工原料和化工产品经各种不同的化学反应制得，如各种解热镇痛药。

> **实例解析**

阿司匹林（Aspirin）又称乙酰水杨酸，为非甾体抗炎药，具有解热镇痛、抗血小板聚集、抑制血栓形成等作用。其经典反应路线为典型的全合成路线：以水杨酸为原料，与醋酐发生乙酰化而得。见图 2-1。

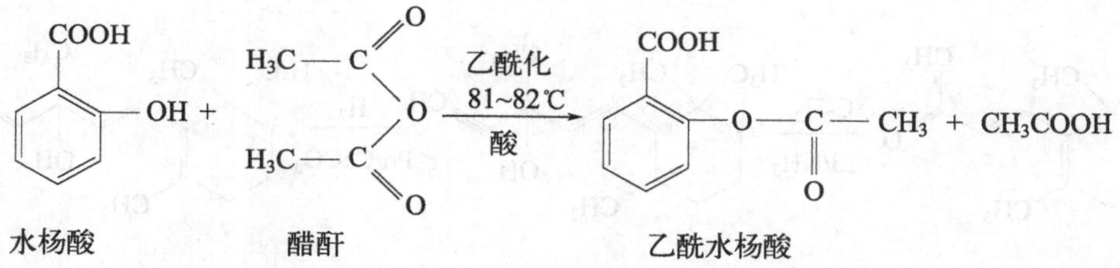

图 2-1　阿司匹林的经典合成路线

> **实例解析**

磺胺类药物对氨基苯磺酰胺为磺胺类抗菌药，用于敏感菌所致的各种感染，其经典反应路线是以苯胺为原料经过乙酰化、氯磺化、氨解、水解，再酸化而得。见图 2-2。

2. 半合成

由具有一定基本结构的天然产物作为中间体经过化学结构改造和物理处理制备药物的过程，习惯称为半合成。如甾体激素类、半合成抗生素（如维生素 A、维生素 E 等）的生产过程。

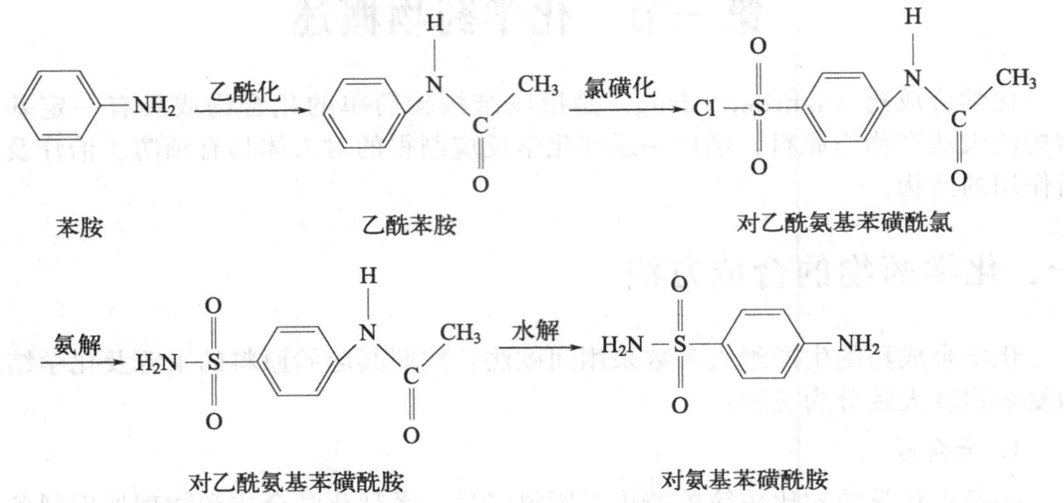

图 2-2 对氨基苯磺酰胺的经典合成路线

▹ 实例解析

维生素 A 具有增强视力、维持黏膜正常功能、令皮肤光洁的功能。德国 BASF 合成工艺路线：β-紫罗兰酮为起始原料和乙炔进行格氏反应生成乙炔-β-紫罗兰醇，选择性加氢得到乙烯-β-紫罗兰醇，再经 Wittig 反应后，以甲醇钠为催化剂，与 C_5 醛缩合生成维生素 A 醋酸酯。见图 2-3。

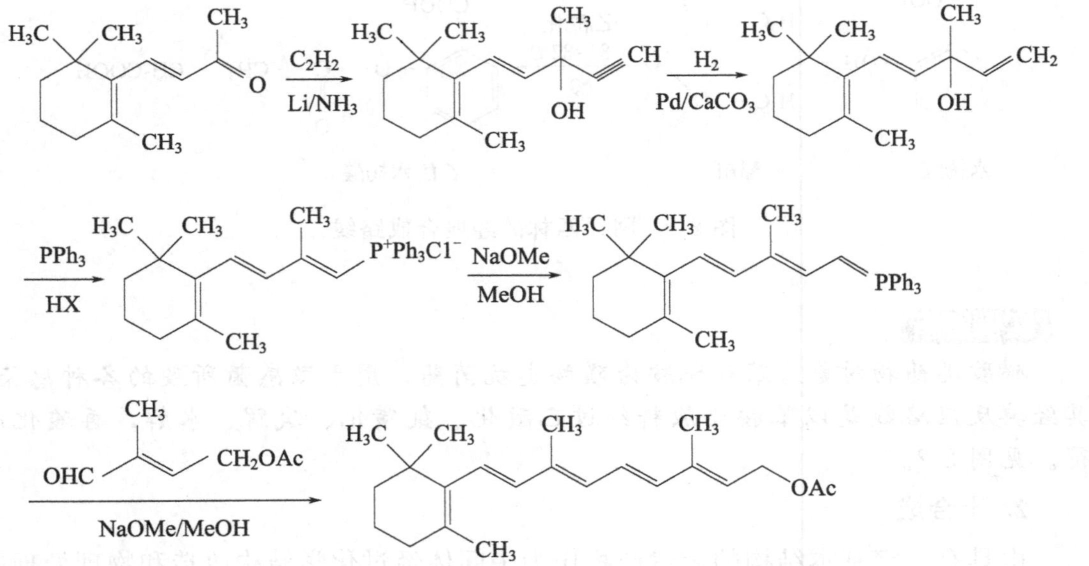

图 2-3 德国 BASF 合成维生素 A 的工艺路线

3. 化学合成结合微生物生物转化

微生物生物转化在有机合成中有着重要的用途，它能提供廉价和多样的生物催化剂——酶，其严格的立体结构选择性，使许多药品的生产过程更为经济合理，减少了目标药物的异构体，后者不仅无效或低效，并且往往还有副作用，甚至有相反的药效和强力的毒性。例如甾体激素、维生素 C 和氨基酸等的合成。

> **实例解析**

甾体激素氢化可的松的全合成需要 30 多步化学反应，工艺工程复杂，总收率太低，无工业化生产价值。甾体药物半合成的起始原料都是甾醇的衍生物，如薯蓣科植物的薯蓣皂素、剑麻中的剑麻皂素、龙舌兰中的番麻皂素、油脂废弃物中的豆甾醇和 β-谷甾醇、羊毛脂中的胆甾醇等，60％的甾体药物以薯蓣皂素为生产原料。

以薯蓣皂素为生产原料的半合成工艺中最关键的一步是 C11 上 β-羟基的引入。由于 C11 位周围没有活性功能基团的影响，采用化学法很困难。应用微生物氧化法完美地解决了这一难题：应用犁头霉菌对醋酸化合物 S 进行微生物氧化，在 C11 位引入 β-羟基而得到氢化可的松醋酸酯。见图 2-4、图 2-5。

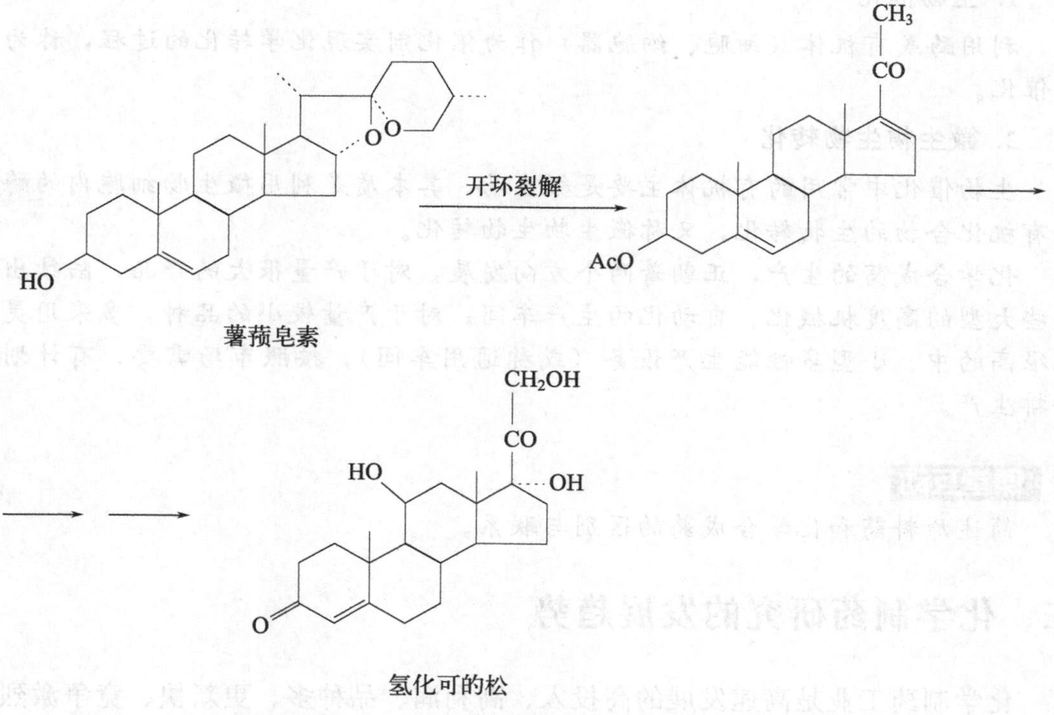

图 2-4　以薯蓣皂素为原料的氢化可的松的半合成路线

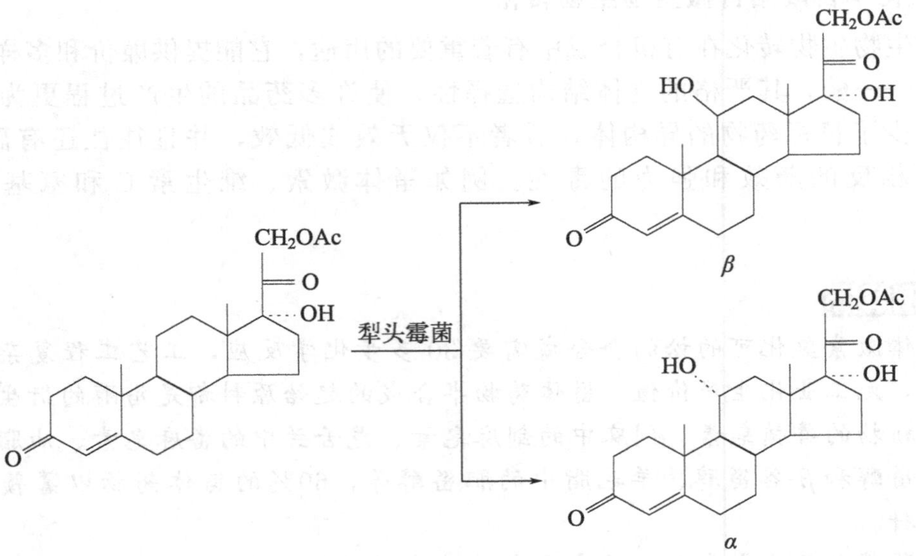

图 2-5　犁头霉菌对醋酸化合物 S 进行微生物氧化得到氢化可的松醋酸酯的反应

‹ **知识链接**

1. 生物催化

利用酶或有机体（细胞、细胞器）作为催化剂实现化学转化的过程，称为生物催化。

2. 微生物生物转化

生物催化中常用的有机体主要是微生物，其本质是利用微生物细胞内的酶催化有机化合物的生物转化，又称微生物生物转化。

化学合成药的生产，正朝着两个方向发展，对于产量很大的产品，陆续出现一些大型的高度机械化、自动化的生产车间；对于产量较小的品种，多采用灵活性很高的中、小型多性能生产设备（或称通用车间），按照市场需要，有计划地安排生产。

‹ **课堂互动**

简述原料药和化学合成药的区别与联系。

二、化学制药研究的发展趋势

化学制药工业是高速发展的高投入、高利润、品种多、更新快、竞争激烈的产业，很多制药公司都重视对新药的研究和开发。21 世纪化学合成药物仍然占有最大的比重，它的发展将呈现出以下趋势。

1. 天然药物活性成分的开发

在常见的植物、动物、微生物之外，人们会从更多更广的天然药范围，包括海洋生物、特殊环境下的生物中去寻找有效活性成分，对其用合成方法制备并进行结构修饰，开发出更多合成新药。比如来自天然植物的青蒿素，来自红豆杉中的紫杉醇等。

2. 半合成及全合成抗生素的深入发展

新结构类型抗生素的发现已经越来越困难，又因不合理地使用抗生素，导致微生物对抗生素的耐药性增加，使每种抗生素的使用寿命愈来愈短。这种情况促使半合成及全合成抗生素必须继续深入发展。

3. 更高效专一的化学药物

化学药物会紧密地推动药理学科的发展，药理学的进展又会促进化学合成药物向更加具有专一性的方向发展，研发出更高效、更专一的防治心脑血管疾病、癌症、病毒病、老年性疾病、免疫遗传疾病等重要疾病的合成药物。此类化学药物不但具有更好的药效，毒副作用也会相应减少。此外，手性药物会逐步占有相当大的比重。

4. 新药的开发周期更短

一批带有高级计算机的仪器的发明，以及分离、分析手段的不断提高，特别是分析方法进一步的微量化与"分子生物化"，使化学合成药物的质量进一步提高，开发速度进一步加快。

5. 具有活性的先导化合物

组合化学技术可将一些基本小分子装配成不同的组合，从而建立起具有大量化合物特别是有机化合物的化学分子库，结合高通量筛选，会更快地寻找到具有活性的先导化合物。

6. 用制药新技术进行合理药物设计

"生物靶点"药物设计，辅助固相酶技术、微生物催化和相转移等新技术，为开发出新的化学合成药物打下了坚实的技术基础。分子生物学技术、基因组学的研究成果，不但会发展出一类新型药物，也为化学合成药物的研究提供了重要的基础。

第二节 化学制药工艺学研究的对象和内容

化学制药工艺学作为一门工程性学科，从工艺路线设计、合成工艺研究、中试放大工艺规程等理论方面，阐明化学制药的特点和基本规律。其着眼点是解决药品生产过程中的工程技术问题及产品质量的检控规范化，以求得最大的社会效益和经济效益；研究药品生产过程中的共同规律及理论基础；研究通过化学或生物反应及分离等单元操作制取药品的基本原理及实现工业化生产的工程技术,包括新产品、新工艺的研究、开发、放大、设计、质控与优化。

一、化学制药工艺学的研究对象

化学制药工艺学是以有机合成设计和方法学为基础,结合制药工艺研究的新技术、新方法和绿色化学原理,阐述化学制药工艺的特点和规律,探讨化学合成药物的工艺条件的选择和使用,以及实行生产过程和工艺条件最优化的一门学科。

以原料药解热镇痛药——对乙酰氨基酚(扑热息痛)的合成为例,以对硝基苯酚钠为原料的反应过程见图2-6。

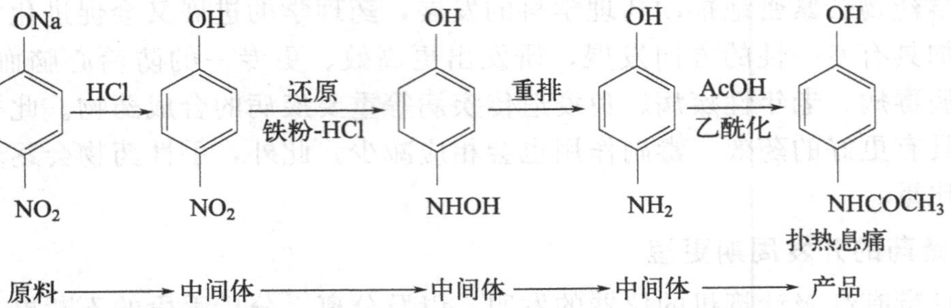

图 2-6　以对硝基苯酚钠为原料的对乙酰氨基酚(扑热息痛)的合成路线

以对乙酰氨基酚的生产工艺过程作为研究对象,主要研究内容包括:从原料对硝基苯酚钠开始,到产品对乙酰氨基酚为止,探讨该药工业生产过程中,每步化学反应过程的最佳的工艺条件的选择和使用。工艺条件包括各原辅料的配料比、反应溶剂的种类、加料次序、副反应和抑制副反应发生的方法、反应温度、反应压力、催化剂、反应时间、反应终点的控制方法、中间体的质量和分离方法、产品的提纯和精制方法等。

二、化学制药工艺学研究的内容

化学制药工艺学的研究内容为合成药物的生产工艺原理,以及工艺路线设计、选择与创新,包括生产工艺路线的设计与选择、工艺研究、工艺放大及"三废"治理等。

化学制药工艺学研究的具体内容包括:

1. 化学原料药生产工艺路线的选择和工艺条件的优化

工艺路线的选择包括:原料、设备、安全生产和环保、反应合成方式和反应类型等的选择。

工艺条件改造包括:改造的思路和生产中经常使用的改造方法。

2. 探讨工艺条件对化学反应的影响

探讨生产中配料比、浓度、反应温度、压力、溶剂、时间、加料次序等工艺条件对化学反应的影响，选择最佳工艺条件。

3. 中试放大

研究中试放大的方法及应该注意的问题。

4. 阐述典型化学药物的生产工艺原理

阐述常见药物如布洛芬等典型药物的药物学基础知识，典型合成路线的选择、原理，工业上较为成熟的化学合成路线的反应原理、工艺过程、工艺流程图等。

三、化学制药工艺学研究的任务

通过本课程的学习，使学生了解化学制药工业的特点；熟悉化学制药工艺学的内容；掌握常见化学药品、中间体、特殊原料的生产工艺过程、基本操作方法和简单的工艺计算；培养学生发现问题、分析问题和解决问题的能力。

第三节　化学制药工业的发展概况及化学制药工业的特点

一、国外化学制药工业发展的概况

当前世界化学制药工业的发展趋向为：高技术、高质量、高速度、高投入、高效益。其中高技术是核心，高质量是保证。

1. 高技术

随着科技的发展和生活水平的提高，人们要求使用的药品是高效、特效、速效、长效、质量稳定、毒性小的化合物。为满足要求，需要对产品不断进行更新换代，淘汰老品种，开发新品种，而新品种的开发需要新技术、新设备、新工艺的支持。国外出现了一批设备精良、工艺先进、操作人员素质高、使用大量高新技术的医药企业，如美国施贵宝公司、史克公司、辉瑞公司，英国葛兰素公司、德国拜耳公司，日本山之内制药株式会社、武田公司等。目前技术占领先地位的制药大国有美国、日本、德国。

> **课堂互动**
> 我国较大的制药企业有哪些？

2. 高质量

医药工业是一个特殊行业，药品是特殊商品，所以药品从研究开发、临床试验、新药审批、质量标准、生产管理，到流通销售和使用，均制定了严格的法律、法规和管理制度。成品药有国家法典——药典作为检验标准；生产过程和流通销售各国均有《药品生产质量管理规范》（GMP）、《药品经营质量管理规范》（GSP）等一系列法规、规范文件，用法律等的形式为药品的质量提供了保证。

3. 高速度

信息已成为制药企业振兴和发展的中心环节，无论是新药开发、工业生产，还是市场销售、远景规划都需要信息支持，所以当今的现代化医药企业非常重视科技信息，重视了科技信息就是保证了企业发展的速度。

4. 高投入和高效益

药品属于高科技产品，新药开发备受重视，世界各国对新药开发的投入越来越大，新药开发的难度也越来越高。20世纪80年代初，开发一个一类新药的平均费用约为1亿美元；90年代末，开发一个一类新药的平均费用约为9亿美元。而新药是高附加值的产品，有大的投入，就有高的回报。

> **知识链接**
>
> "重磅炸弹"药物：是指年销售收入达到一定标准，对医药产业具有特殊贡献的一类药物。

二、国内化学制药工业发展的概况

1. 我国制药企业的现状

"十三五"以来，我国医药工业取得了突出成绩，发展基础更加坚实，发展动力更加强劲，整体发展水平跃上新台阶，产业创新取得新突破，供应保障水平不断增强，国际化步伐不断加快。

工信部数据显示，"十四五"以来，我国医药工业主营业务收入年均增速为9.3%，利润总额年均增速为11.3%，发展基础更加坚实、产业体系进一步优化，医药工业不断提质增效，基础研究也取得原创性突破。创新药、高端医疗器械等领域创新成果不断涌现。化学原料药是中国医药行业的优势品种。大宗原料药产量约占全球40%，在研新药数量跃居全球第二位，一大批创新药获批上市。

但制约行业发展的问题依然突出，前沿领域原始创新能力还有不足，协同发展的产业生态尚未形成，小品种药仍存在供应风险，仿制药领域质量控制水平有待提高，高附加值产品国际竞争优势不强等问题需加快解决。

2. 我国制药企业发展展望

"十四五"以来，我国医药行业全行业研发投入年均增长超20%，创新药、高端医疗器械等领域创新成果不断涌现，医药储备体系不断完善。我国更是不断推出了一系列有利政策，从创新驱动、强链补链、转型升级、产业协同等方面大力推动医药工业发展。我国制药企业的发展前景将进入前所未有的快车道。

（1）推动医药企业规模进一步壮大，并向价值链高端延伸。近年来，我国加大力度推进医药工业发展，不断完善政策体系，加快医药企业重组，推动医药工业一批龙头企业规模壮大，推动产业链、供应链韧性水平和创新能力不断提升，向价值链高端延伸。

（2）鼓励进口原研药品转移，加快引进国外先进技术的步伐。近年来，我国政府陆续出台多份新政新规，支持鼓励进口原研药品转移至我国境内生产，提高国民用药可及性，满足日益增长的临床需求。同时推动国内企业引进国外先进技术和先进的生产管理理念，填补技术、工艺空白，提升国内民族工业的生产技术能力及管理水平，促进医药产业高质量发展，提升国家医药产业新质生产力的战略实施。

（3）加强产学研医协同，推动医药工业高质量发展。近年来，我国政府不断推出利好政策，打造跨领域、大协作、快速迭代的医药产业链协同创新制造平台，支持行业协会、龙头企业、科研机构等联合组建医药产业链研究院，推动上下游开展协同攻关。大力支持企业，特别是行业龙头企业积极作为，主动联合医药行业链条各方，增加人才、资金等方面投入，增强数字化、智能化赋能产品研发，用新技术推动实现"产学研医"融合，实现医药工业高质量发展。近几年我国医药创新取得了长足发展，基础研究能力水平快速提高。要进一步推动医工协同，形成有效的融合创新，应以临床需求为牵引，由临床医生提出需求，带动行业各界共同参与到药物的开发中来，畅通基础研究到成果转化、临床应用的全链条。

为赶超国外先进水平，中国制药企业做了大量的工作。

（1）加大投入，进行新产品的开发。

（2）从仿制药品为主转变为创制新药为主，坚持与国际接轨，坚持高起点、高技术、高质量、高效益。

（3）加快医药企业重组，保证药品质量。强化医药企业竞争，优胜劣汰，将一批规模小、品种老、技术落后、设备陈旧的企业淘汰出局，加快企业资产重组，强强联合，调整产品结构，提高质量，参与世界竞争。

（4）加快引进国外先进技术的步伐。从引进国外的先进产品、工艺、设备，到合资企业、独资企业大量涌现，为我国的医药行业注入了新鲜血液。

（5）改造科研体制，重视人才培养。充分利用科研机构和高等院校的资源，缩短与发达国家的差距。

三、化学制药工业的特点

化学制药工业是指化学药品的生产过程，化学药品也可分为原料药和药物制剂。化学制药工业与其他化学工业相比也有其自身的特点。

1. 药物品种多、更新快，新药创制迫切

药品是用来预防、治疗、缓解、诊断人的疾病的，而人类的疾病多种多样，需要使用不同类别的药品；虽然是同一类型的疾病，但由于个体差异、地域差异、年龄差异的存在，所用药品也不一定相同；另外人们在用药过程中可能会出现不良反应、耐药性等，使治疗效果不理想，此时需更换用药品种。为适应医疗的需要，需不断更新药物品种，开发高效、特效、速效、低毒的新药。

2. 药品质量要求严格

一般商品可以根据技术质量的优劣分为一、二、三等，甚至可以有等外品，按质论价。而药品的质量必须百分百合格，从原料、中间体到药品都要严格控制其质量，从生产到流通必须有严格的质量检测手段，不合格的药品不准流通，但药品的质量无法仅从外观看出来，需要生产厂家、监测机构按标准进行检测和认定。所以药品生产过程必须按 GMP 要求进行生产，产品质量必须达到《中华人民共和国药典》的标准。

3. 原辅材料、中间体易燃、易爆、有毒

化学制药工业生产中，经常遇到易燃、易爆、有毒的溶剂、原料、中间体，因此，对于防火、防爆、安全生产、劳动保护及操作方法、工艺流程、设备等都有特殊要求。应先考虑不用或少用易燃、易爆、有毒的物料；其次，如果必须使用有毒物料时，必须考虑安全措施。

> **课堂互动**
>
> 企业生产中，易燃、易爆、有毒的标志是什么？

4. 生产流程长且工艺复杂

药物的生产过程包括工艺过程和辅助过程。工艺过程涉及关联单元操作的次序和操作条件的组成，包括合成反应过程、分离纯化过程（如离心、过滤、结晶、色谱分离）与质量控制过程（诸如原辅料、中间体与终端产品）。辅助过程包括基础设施的设计和布局、动力供应、原料供应、包装、储运、"三废"处理等。

5. 物料净收率很低，产生的"三废"多

化学药物的合成过程是复杂多样的，生产 1kg 化学药品，可能需要几种或几十种、几十千克到几百千克的原料，因此生产过程中将产生大量的"三废"。大量的"三废"就是大量的资源，如果能将"三废"综合利用，不仅消灭公害、保护环境，而且变废为宝、降低成本、利国利民。

> **知识链接**
>
> 药厂中的"三废"指废液、废渣和废气，其中产生的废液最多，废液控制的

指标有生化需氧量、化学耗氧量、pH 和悬浮物、有害物质含量等。

第四节　新药工艺研究与开发

新药研究包括两大部分，即新药临床前研究和新药临床研究，临床前研究属于新药的基础研究，是整个研究的核心。新药临床前研究主要包括：新的化学药物的合成工艺研究（包括制备工艺、质量标准等），动物筛选，动物治疗试验，毒性试验和毒理学研究，药物代谢与动力学研究，分析研究和质量标准的制定。新药临床研究主要包括健康人的药理试验、临床试验、制剂研究等。

在新药研究众多环节中最重要的一环就是新药工艺研究。工艺研究是新药研究的基础，在工艺确定后，才能生产出充分发挥疗效、质量稳定的样品。

有些新药在审批前的临床试验中疗效很好，但审批上市后，发现疗效不佳，有可能是生产工艺与制备临床样品的工艺不完全一致造成的，新药工艺研究有着非常重要的作用，是新药研究中不可缺少的一环。

一、新药工艺研究

新药（含化学合成药、仿制药）工艺研究是在科学合理选择处方的基础上，在《药品生产质量管理规范》（GMP）要求下，对新药进行小试、中试以及放大生产，确定生产过程中的关键参数，并对这些关键参数进行在线控制，使产品在此生产工艺条件下具有较好的重现性、稳定性和质量均一性。

新药工艺研究的基本思路是通过工艺参数的优化，确定达到产品质量要求的生产参数范围。也就是说，在参数范围内生产，产品的质量才能达到均一性和稳定性，为生产工艺的实施（操作）提供可靠的试验依据。同时在产品的注册申报资料中对生产过程中的关键环节和关键参数也能进行充分的验证。其研究可分为三阶段实施，包括制备工艺的选择、工艺参数的确定和工艺验证等。

首先在样品的小试阶段，通过对工艺参数的评价，对处方的合理性进行验证，选择制备工艺，确定影响药品质量的关键参数；其次通过中试样品或生产样品的生产，确定工艺的耐用性，为生产工艺建立操作范围，并通过过程控制得到符合质量要求的产品；最后，在建立以上研究参数后对工艺进行验证。

二、小试规模的工艺研究和优化

1. 小试研究内容

小试研究是在实验室条件下进行的，研究内容包括化学或生物合成反应规律和步骤、天然原料的直接分离提取、微生物发酵、动植物细胞培养、产物分离纯化方法及其工艺参数。同时，研究建立成品、半成品、中间品、原料的检验分析与质量控制方法。

2. 小试研究目的

研究目的是设计出合理的工艺路线，确定出收率稳定、质量可靠的操作条件，为中试放大研究提供技术资料。

（1）化学制药的小试目的　对于化学制药，小试目的是研究配料比、反应介质溶剂、温度、压力、催化剂、时间等对反应过程和产率等的影响。

（2）生物制药的小试目的　对于生物制药，小试目的是研究菌种和细胞系的建立、pH、溶解氧、搅拌、培养基组成及其操作方式对细胞生长和产物合成及其产率的影响。

（3）中药制药的小试目的　对于中药制药，小试目的是研究化工分离、纯化、浓缩、干燥单元组合对收率的影响。

（4）制剂工艺的小试目的　对于制剂工艺，小试目的是研究药物剂型化制备技术，主要包含以下内容：

① 确认最佳的处方组成。在处方筛选和优化过程中，通过药物与辅料相容性的研究以及处方的优化，基本得到有试验数据支持的处方组成。但由于在处方筛选中使用的设备和条件不一定适合生产，所以这种处方组成是否能在制备过程中制得符合要求的样品，需要在小试生产中得到确认。

例如在小试样品的生产中，如果颗粒的流动性存在问题，就可能导致在胶囊灌装或压片时样品的含量均匀性或片重欠佳，需要根据具体的工艺和设备，通过添加润滑剂或助流剂改善颗粒的流动性等，对处方进行调整，进而确定最佳的处方组成。

② 确定影响药品质量的关键参数，并对工艺参数做出评价。例如对口服固体制剂的生产，一般包括物料的粉碎、混合，及湿颗粒的制备、干燥、整粒，颗粒与润滑剂/助流剂的混合压片、包衣、包装。如果将每一步骤作为一个生产单元，则应该对每一生产单元的参数进行评价，以保证下一道工序的质量。比如，在片剂包衣工艺中，片芯的预热温度、预热时间、泵的型号、喷枪数量、喷枪的分布、喷射速度、喷枪孔径、喷枪与包衣锅的角度、喷枪与片芯的距离等均影响片剂的包衣，在此阶段需要对这些影响产品质量的参数进行研究和评价。

③ 确定关键工艺参数。确定主要参数后，通过对每一步骤生产单元工艺参数的研究，选择和确定对产品质量影响最大的一些参数作为制备过程中必须监控的参数，即所谓的关键工艺参数。

通过关键工艺参数的控制，在规范的生产流程中，产品的质量才可以得到保证。如对于胶囊剂的生产，若采用高速制粒后灌装，则主辅料的粉碎时间、混合时间、黏合剂加入方式、黏合剂加入量、制粒温度和湿度等均可视为工艺的关键参数。通过小试样品工艺研究、优化及工艺参数的评估，确定生产规模的处方组成，并为规模生产提供相关工艺参数范围。

三、中试规模以及生产规模工艺的确认

中试研究是在中试车间进行的。研究内容是在小试研究基础上，利用小试获得的工艺路线，采用工业原料和工业设备，进行放大方法设计、工艺试验及其影响因素考察和优化，确定最佳操作条件；进行物料衡算、能量衡算，对工艺进行经济性评价。其目的是在中试车间的条件下，取得工业生产所需的资料和数据，为工程设计和工业化生产奠定基础。

1. 中试研究内容

中试是以实验室制备方法为依据，从生产角度来考虑，采用何种工艺路线和设备，使生产规模所制备的产品能与实验室规模所制备的样品达到质量上的一致性。

2. 中试研究目的

中试放大研究的目的是通过中试制定产品的生产工艺规程（草案）。

通过中试，修订、完善小试的制备工艺及工艺参数范围，保证工艺达到生产稳定性、可操作性。所以，中试研究是实验室向大生产过渡的"桥梁"。

通过研究中试放大或生产规模的工艺，主要对工艺参数建立操作范围，确定工艺的可行性、耐用性以及确定足够的过程控制点等，也就是在关键参数控制范围内，均能较好地重现生产，有效保证批间产品质量的稳定性，为产品的生产奠定基础。工艺的耐用性研究又进一步验证工艺的可行性。

过程控制点一般包含关键工艺参数、制剂中间体的质量控制以及生产过程中的环境控制。

工艺参数可以保证产品在此工艺条件下具有较好的工艺重现性，而制剂中间体的质量控制就是在工艺参数控制的条件下，对制剂中间体的质量进行定量控制，以此保证终产品的质量。

例如，在遇水不稳定药物的片剂或胶囊剂生产过程中，在原辅料的粉碎设备、粉碎时间以及混合设备、混合时间等关键工艺参数确定后，原辅料的混合均匀性以及混合后中间体的水分控制也是作为过程控制点需要对每批样品进行定量检查的。制备过程中的环境控制主要是对片剂生产中环境温度、湿度、洁净度的要求，及注射剂生产过程中洁净度、无菌环境、温度等的控制，以保证片剂、胶囊剂或注射剂的微生物限度或无菌保障水平符合要求，环境控制参数对于制剂的生产非常重要。

3. 中试放大的规模

中试研究一般需经过多批次试验，以达到工艺稳定。中试研究的规模不一定必须是 10 倍处方量，而是根据设备、工艺及品种的具体情况，做到中试规模的样品能够充分代表生产规模样品并模仿生产实际情况生产。其投料量越接近生产规模越能达到中试的目的，通过中试使工艺固定。

中试使用的设备在性能上应和生产设备相一致，如果中试的数量与生产数量有差距，中试时就不容易发现在大生产时所产生的问题，从中试过渡到大生产就有困难。

例如煎煮液的固液分离工艺，如果煎煮液量是10L，用一般的过滤方法很快就能完成，但如果放大到2000L，则用一般的过滤方法就要很长时间才能完成，还没有过滤完，药液就要长菌变质。这种情况下，就必须改变固液分离的方法，采用与生产量相适应的设备。

四、新药工艺验证

1. 新药工艺验证的研究内容

新药工艺验证研究是以经济效益为目标，基于中试研究结果，在符合GMP的生产车间内进行试生产，按照中试规模或生产规模对工艺的关键参数、工艺的耐用性以及过程控制点进行全面检验，通过样品生产的过程控制和样品的质量检验，全面评价工艺是否具有较好的重现性以及产品质量的稳定性，并制定出生产工艺规程，在各项指标达到预期要求后，进行正式生产。

2. 新药工艺验证的生产规模

工艺验证的规模应该是生产规模，工艺验证的批次一般要求按照工艺研究的结果至少连续生产三批符合质量要求的样品。经过工艺验证和数据的积累，确定生产过程关键控制参数以及过程控制点，并建立生产过程的标准操作规程（standard operation procedure，SOP），至此制备工艺研究以及工艺的验证基本完成。

习　题

一、填空题

1. 药物的生产过程包括_____和辅助过程。工艺过程涉及关联单元操作的次序和操作条件的组成，包括_____、_____与_____。

2. 新药研究包括两大部分，即_____和新药临床研究。

3. 新药的临床前研究属于新药的基础研究，主要包括_____、_____、_____等。

4. 过程控制点一般包含_____、制剂中间体的_____以及生产过程中的_____。

二、单选题

1. GMP是（　　）的缩写。

A. 药品生产质量管理规范　　　　　B. 药品经营质量管理规范

C. 新药审批办法　　　　　　　　　D. 标准操作规程

2. GSP 是 （   ） 的缩写。

A. 药品生产质量管理规范   B. 药品经营质量管理规范

C. 新药审批办法   D. 标准操作规程

3. SOP 是 （   ） 的缩写。

A. 药品生产质量管理规范   B. 药品经营质量管理规范

C. 新药审批办法   D. 标准操作规程

4. 药品是特殊商品，特殊性在于 （   ）。

A. 按等次定价   B. 根据质量分为一、二、三等

C. 只有合格品和不合格品   D. 清仓大甩卖

三、多选题

1. 世界化学制药工业的发展趋向为 （   ）。

A. 高技术   B. 高投入   C. 高产量   D. 高质量

2. 化学制药工业的特点是 （   ）。

A. 产品质量要求高

B. 原辅材料、中间体多易燃、易爆、有毒

C. 品种多、更新快

D. 高利润

3. 制药工艺的研究主要包括 （   ）。

A. 小试研究   B. 中试研究   C. 新药工艺验证   D. 药品营销

4. 新药临床前研究主要包括 （   ）。

A. 新的化学药物的合成工艺研究   B. 动物筛选和动物治疗试验

C. 毒性试验和毒理学研究   D. 药物分析研究和质量标准的制定

5. 新药临床研究主要包括 （   ）。

A. 健康人的药理试验   B. 临床试验

C. 制剂研究   D. 药物代谢与动力学研究

四、判断题

1. （   ） 我国是世界上的制药大国和制药强国。

2. （   ） 药厂"三废"指废水、废液和废渣。

3. （   ） 临床前研究属于新药的基础研究，是整个研究的核心。

五、简答题

1. 简述化学药物的概念。

2. 简述化学药物的合成方法。

3. 简述化学制药工艺学的概念。

4. 简述化学制药工艺学研究的具体内容。

5. 简述化学制药工业的特点。

第三章

制药工艺路线的选择与优化

🌐 知识目标

1. 掌握制药工艺路线的选择和评价方法；
2. 熟悉生产工艺改造的目的和任务；
3. 掌握制药工艺改造的思路和实现途径；
4. 了解新技术在制药生产中的应用。

🎯 技能目标

1. 能够熟练说出制药工艺路线的选择和评价的一般原则；
2. 能够熟练说出制药工艺改造的思路和实现途径；
3. 能够查阅相关资料，了解并总结更多的制药新技术。

💡 思政素质目标

培养学生在以后药品生产中，立足本职工作，勤学苦练，深入钻研，追求卓越，始终践行并坚持"敬业、专注、创新、精益求精"的工匠精神。

第一节 制药工艺路线

一、制药工艺路线概述

化学合成药物一般由结构比较简单的化工原料经过一系列化学合成和物理处理过程制得（习惯称为全合成）；或由已知具有一定基本结构的天然产物经化学改造和物理处理过程制得（习惯称为半合成）。

在多数情况下，一种化学合成药物可以通过不同的途径获得，通常将具有工业生产价值的合成途径，称为药物的工艺路线或技术路线。

药物生产工艺路线是药物生产技术的基础和依据。它的技术先进性和经济合理性，是衡量生产技术高低的尺度。

二、最理想的药物工艺路线的评价标准

在化学制药工业中，首先是工艺路线的设计和选择，确定一条最经济、最有效的生产工艺路线。理想的药物工艺路线应该是：

（1）化学合成途径简易；

（2）需要的原辅材料少而易得，量足；

（3）中间体易纯化，质量可控，可连续操作；

（4）可在易于控制的条件下制备，安全无毒；

（5）设备要求不苛刻；

（6）"三废"少，易于治理；

（7）操作简便，经分离易于达到药用标准；

（8）收率最佳，成本最低，经济效益最好。

第二节 制药工艺路线的选择和评价

一种药物的生产，通过文献调查可找到多种合成路线，它们各自有自己的特点和优缺点，哪一条路线适合工业化生产，哪一条路线更适合本企业的工业化生产，仅仅对它们进行一般的评价是不够的，还必须深入细致地综合比较、论证，才能选出生产上可用的工艺路线。下面就选择工艺路线时应考虑的主要问题进行讨论。

一、原辅材料的选择原则

没有稳定的原辅材料供应，就不能组织正常的工业生产。选择工艺路线时，原辅材料的来源和供应是首先要考虑和解决的问题。

1. 原辅材料利用率高

所谓利用率，不仅包括化学结构中骨架和功能基团的利用程度，还取决于原辅材料的化学结构、性质以及所进行的反应等。为此，必须对不同合成路线所需的原料和试剂作全面了解，包括理化性质、类似反应的收率、操作难易等。

◀ **课堂互动**

布洛芬的合成工艺有多种，以其中两种比较典型的合成方法为例：

Boots 公司采用 Brown 方法，从原料到产物经历六步反应，原子利用率 40%（见图 3-1）；BHC 公司发明的绿色方法，反应只需三步，原子利用率为 99%（见图 3-2）。

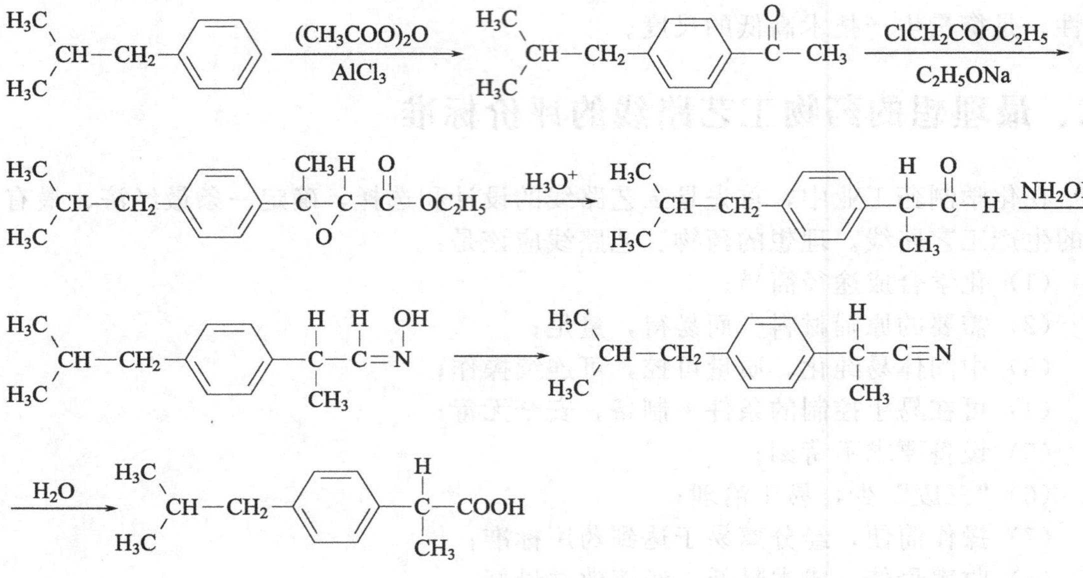

图 3-1　Boots 公司采用的 Brown 方法

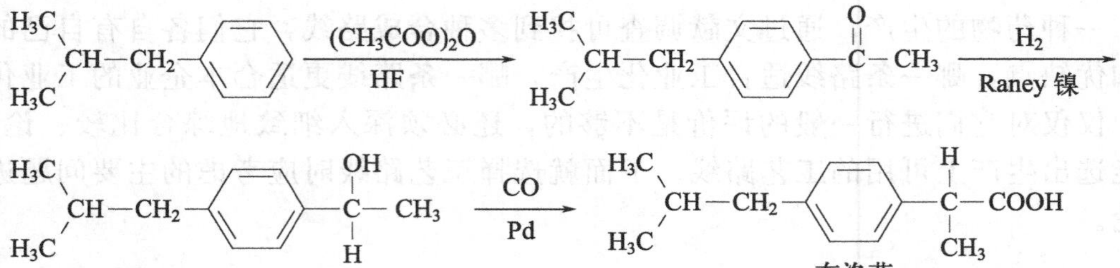

图 3-2　BHC 公司发明的绿色方法

若单纯只考虑原子利用率的高低，布洛芬生产厂家选择以＿＿＿＿＿＿＿＿＿为原料的合成路线比较合理。

> **知识链接**

原子利用率：目标产物的总质量与全部反应物的总质量之比，或者说目标产物的总质量与生成物总质量的比值。原子利用率决定了化学生产中反应物的使用程度。根据绿色化学的原则，原子利用率为100％的化工反应最理想，表示该反应没有副产物生成，所有的原子均被利用，所有的反应物全部转化为目标产物。

2. 来源稳定、价廉易得、运输方便、供应及时

不同的合成路线，可供药厂选择使用的原辅材料很多，包括天然原料、化工产品、某些产品的"下脚废料"等。必须深入对不同合成路线所需的原料和试剂作市场调研，原辅材料应尽可能地来源稳定、价格低廉、运输方便、供应及时，保证制药生产过程的稳定进行。原辅材料应是本地区或本国生产的化工原辅料，方便就近采购，规避风险，消除涨价因素和原辅材料供应不足给企业造成的经济损失。如果选择的原辅材料需要进口，资源和来源受到限制，就不合理。有些原辅材料一时得不到供应，则需考虑自行生产。

对于准备选用的合成路线，应根据已找到的操作方法，列出各种原辅材料的名称、规格、单价，算出单耗，进而算出所需各种原辅材料的成本和总成本，以便综合比较各工艺路线中原辅材料的消耗定额和原料成本，选择和使用最经济合理的原辅材料，使经济效益最大化。

> **课堂互动**

生产抗结核病药——异烟肼所用的原料4-甲基吡啶，既可用乙炔与氨合成制得，又可用乙醛与氢气合成得到。对于药厂要如何选择呢？

4-甲基吡啶的合成方法1：$C_2H_2 + NH_3 \longrightarrow$　

4-甲基吡啶的合成方法2：$CH_3CHO + H_2 \longrightarrow$　

乙炔是气体，运输储存不方便，且易燃、易爆。

乙醛是液体，运输、储存、使用方便。

若某药厂与生产电石的化工厂毗邻，乙炔可以从化工厂直接用管道输送过来，则该药厂选用_____为原料比较合理。

若某药厂附近无生产电石的化工厂，则该药厂选择以_____为原料比较合理。

> **知识链接**

电石的分子式为CaC_2，制备电石的化学反应方程式是：

$$CaO + 3C \longrightarrow CaC_2 + CO$$

乙炔的制取：

$$CaC_2 + 2H_2O \longrightarrow C_2H_2 + Ca(OH)_2$$

> **课堂互动**

扑热息痛的合成中，可以采用的原料有对硝基苯酚、苯酚等化工原料，其合成路线见图 3-3。对硝基苯酚产量大、成本低，但其也是农药和染料的中间体，来源有时很紧张。

请问：扑热息痛生产企业应该采用以哪种为原料的生产工艺？说明理由。

(a) 以苯酚为原料

(b) 以对硝基苯酚为原料

图 3-3　扑热息痛用两种不同原料的全合成路线

3. 化学性质稳定安全

应选择理化性质稳定，对环境、设备和操作人员安全性高的原辅材料，避免选择和使用易燃、易爆、有毒、有害的原辅材料；应避免使用需要特殊设备和特殊工艺条件的原辅材料，或化学反应条件苛刻的原辅材料。

> **实例解析**

在抗菌增效剂甲氧苄氨嘧啶 [2,4-二氨基-5-(3,4,5-三甲氧基苄基)嘧啶，TMP] 的合成中，现行的生产工艺有以没食子酸为原料的生产工艺和以香兰醛为原料的生产工艺。没食子酸是由五倍子中的鞣酸水解而成，五倍子在我国来源广泛、制备方便。香兰醛有天然和合成两个来源，天然香兰醛是从木材造纸废液中回收木质磺酸钠，再经氧化制得的，资源丰富、价格便宜。

> **课堂互动**

乙醇是药品生产中常用的一种溶剂，常用来溶解植物色素或其中的药用成分；也常用乙醇作为液相反应的溶剂。现在乙醇有多种来源，工业上一般用生物质发酵法或乙烯直接水化法制取乙醇，也可以采用"煤制乙醇"法。

假设在其他条件完全相同的情况下，作为药厂的研发工程师，你会如何选择乙醇原料的来源呢？说说你的理由。（提示：学生可从乙醇的品质、纯度、价格、杂质、产地等方面予以讨论。）

‹ 知识链接

发酵法制乙醇是在酿酒的基础上发展起来的，在相当长的历史时期内，曾是生产乙醇的唯一工业方法。发酵法的原料主要有糖质原料（如废糖蜜、亚硫酸废液、纤维素的木屑、植物茎秆等）和淀粉原料（如甘薯、玉米、高粱等），经一定的预处理后，经水解（用废糖蜜作原料不经过这一步）、发酵，即可制得乙醇，成本较高，乙醇生产难以规模化。

乙烯直接水化法，就是在加热、加压和有催化剂存在的条件下，乙烯与水直接反应，生产乙醇。此法中的原料乙烯可大量取自石油裂解气，成本低、产量大，能节约大量粮食，因此发展很快。

"煤制乙醇"就是以煤基合成气为原料，经甲醇、二甲醚羰基化、加氢合成乙醇的工艺路线。2012年开始，中国科学院大连化学物理研究所和陕西延长石油集团共同研发该课题。2017年1月11日，陕西某集团10万吨/年合成气制乙醇工业示范项目打通全流程，生产出合格的无水乙醇。

‹ 知识链接

消耗定额是指生产1kg成品所消耗各种原材料的质量（kg）数。消耗定额越大，生产成本越高，"三废"越多。

原料成本是指生产1kg成品所消耗各种物料价值的总和。

二、化学反应类型的选择

在化学工艺中，常常遇到多种不同的合成路线，而每条合成路线又由不同的化学反应组成。即使是同一个反应步骤也会有不同的化学反应原理。例如，在含有不同取代基的苯环上引入同一个功能基，各有不同的取代方式；相同的苯取代化合物引入同一个功能基也可能有不同的化学反应方法。

理论上，衡量反应优劣的重要标准是收率，同时把生产过程是否稳定、规模化生产是否容易等进行综合考虑，将化学反应分为两种反应类型：一种是"平顶型"，如图3-4所示；另一种是"尖顶型"，如图3-5所示。

从图3-4、图3-5中可以看出，"平顶型"反应的特点是最佳反应条件范围广，工艺操作条件稍有差异时对收率影响小，反应易于控制，适合大规模生产。而"尖顶型"反应的特点是最佳反应条件范围窄，工艺操作条件稍有出入就会使收率急剧下降，反应条件苛刻，对安全、技术和设备的要求比较高。

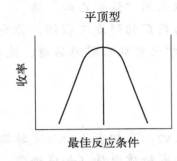
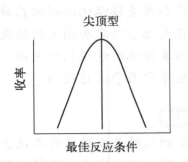

图 3-4 "平顶型"反应示意图　　　　图 3-5 "尖顶型"反应示意图

　　化学制药行业以间歇操作为主,根据这两种反应类型的特点,在确定合成工艺路线时,应尽量避免选择和使用"尖顶型"反应。并不是说"尖顶型"反应不能用于工业化生产,当用自动化仪表控制反应设备时,"尖顶型"反应特别适合。

‹ 实例解析

　　向芳环引入甲酰基(或称为芳环甲酰化),可采用下列五种化学反应类型来实现,反应方程式及相应的收率见图 3-6。请选择合适的化学反应类型并说明理由。

(1) Friedel-Crafts反应(甲酰化剂为甲酰氯)

$$ArH + HCOCl \xrightarrow{BF_3} ArCHO + HCl \quad 收率50\% \sim 78\%$$

(2) Friedel-Crafts反应(甲酰化剂为二氯甲基醚)

$$ArH + CH_2Cl_2O \xrightarrow{AlCl_3} ArCHO + CH_3Cl + HCl \quad 收率60\%$$

(3) Vilsmeier反应

$$ArH + HCON(CH_3)_2 \longrightarrow ArCHO + HN(CH_3)_2 \quad 收率70\% \sim 80\%$$

(4) 用三氯乙醛甲酰化反应

收率30%~50%

(5) Duff反应

收率15%~20%

图 3-6 芳环甲酰化的五种化学反应类型

实例解析

在氯霉素的生产中，对硝基乙苯在催化剂的存在下，氧化生成对硝基苯乙酮的反应就属于"尖顶型"反应，因为生产过程中使用了自动化仪表控制反应设备，该反应现已工业化生产。见图3-7。

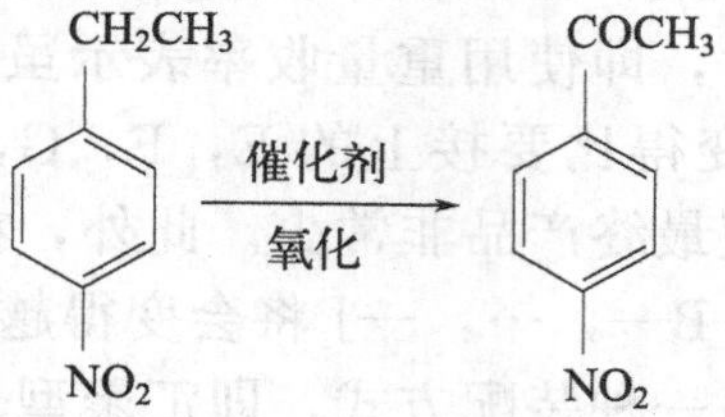

图 3-7 对硝基乙苯催化氧化生成对硝基苯乙酮的反应

知识链接

1. 转化率

对某一组分来说，反应所消耗掉的物料量与投入的物料量之比简称为该组分的转化率，一般以百分率表示。

2. 收率或产率

指根据某主要产物实际产量与投入原料量计算出的理论产量之比值，也以百分率表示。

3. 选择性

各种主、副产物中，主产物所占比率或百分率。

三、合成步骤和收率计算

最理想的药物合成工艺路线应具备合成步骤少、操作简便、设备要求低、各步收率较高等特点。了解反应步骤数量和计算反应总收率是衡量不同合成路线效率的最直接的方法。按照药物合成步骤的类型，将药物合成反应的方式分成"直线方式"和"汇聚方式"。

直线型合成反应方式（linear synthesis 或 sequential approach）是指由原料到产品的合成过程是以串联方式完成的。

汇聚型合成反应方式（convergent synthesis 或 parallel approach）是指由原料到产品的合成过程是以串联和并联两种方式完成的。

直线型合成反应方式中，一个由 A，B，C，…，J 等单元组成的产物，从 A 单元开始，然后加上 B，在所得产物 A—B 上再加上 C，如此下去，直到完成，如图 3-8 所示。

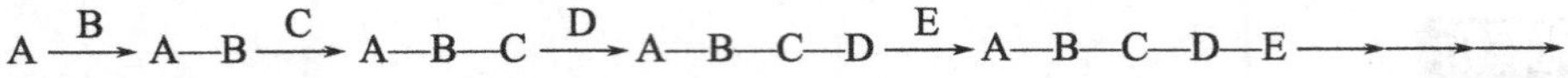

A $\xrightarrow{B}$ A—B $\xrightarrow{C}$ A—B—C $\xrightarrow{D}$ A—B—C—D $\xrightarrow{E}$ A—B—C—D—E $\longrightarrow$ $\longrightarrow$

图 3-8　直线型合成反应方式

由于化学反应的各步骤收率很少能达到 100％，总收率是各步收率的乘积，对于反应步骤多的直线型方式，必须要求大量的起始原料 A。当 A 接上分子量相似的 B 得到产物 A—B 时，即使用重量收率表示虽有所增加，但是越到后面，当 A—B—C—D 的分子量变得比要接上的 E，F，G，…，J 大得多时，产品的收率也将惊人地下降，致使最终产品非常少。此外，在直线方式装配中，随着每一个单元的加入，产物 A—B—，…，—J 将会变得越来越珍贵。

因此通常倾向于采用另一种装配方式，即汇聚型合成方式，如图 3-9 所示。

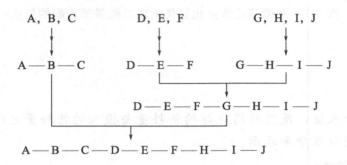

图 3-9　汇聚型合成反应方式

以直线方式分别构成 A—B—C、D—E—F、G—H—I 等各个单元，然后汇聚组装成所需产品。采用这一策略就有可能分别积累相当量的 A—B—C、D—E—F、G—H—I 等单元，当把重量大约相等的两个单元连接起来时可望获得良好的收率。汇聚组装的另一个优点是：即使不幸损失一个批号的中间体，比如 D—E—F 单元，也不至于对整个路线造成灾难性的损失。

也就是说，在反应步骤相同的条件下，宜将一个分子的两大部分分别组装；然后，尽可能在最后的工序将它们结合在一起，这种汇聚型的合成路线比直线型的合成路线有利很多，同时可以把收率高的步骤放在最后，提高昂贵中间体的质量收率。

‹ 实例解析

某药物由原料 A 经过若干步反应到产品 ABCDEF 的生产过程，假如每一步的收率为 90％。

如果该药物有以下三种合成路线，以原料 A 为计算基准，计算每种合成路线的总收率。

第一种采用直线型合成方式：

A→AB→ABC→ABCD→ABCDE→ABCDEF→ABCDEF

以原料 A 为计算基准，则总收率是各步反应收率的连乘积。

即：$90\%×90\%×90\%×90\%×90\%×90\%×100\%=53.1\%$

第二种采用汇聚型合成方式1：

$$\left.\begin{array}{l}A→AB→ABC\\ D→DE→DEF\end{array}\right\}→ABCDEF$$

以原料 A 为计算基准，则总收率是各步反应收率的乘积：

即：$90\%×90\%×90\%×100\%=72.9\%$

第三种采用汇聚型合成方式2：

$$\left.\begin{array}{l}A→AB\\ C→CD\\ E→EF\end{array}\right\}→ABCDEF$$

以原料 A 为计算基准，则总收率是各步反应收率的乘积。

即：$90\%×90\%×100\%=81\%$

总之，通过三种合成方式的比较可以看出，汇聚型合成方式反应步骤少、收率高、原材料消耗少、生产成本低。因此，在选择合成反应方式时，如果药物的合成路线短、反应步骤少，宜选择直线型合成反应方式；否则宜选择汇聚型合成反应方式。

实例解析

以对硝基苯酚为原料，解热镇痛药扑热息痛（对乙酰氨基酚）的合成仅用还原、重排、乙酰化三步反应就可完成，反应步骤少，宜选择直线型合成反应方式。见图 3-10。

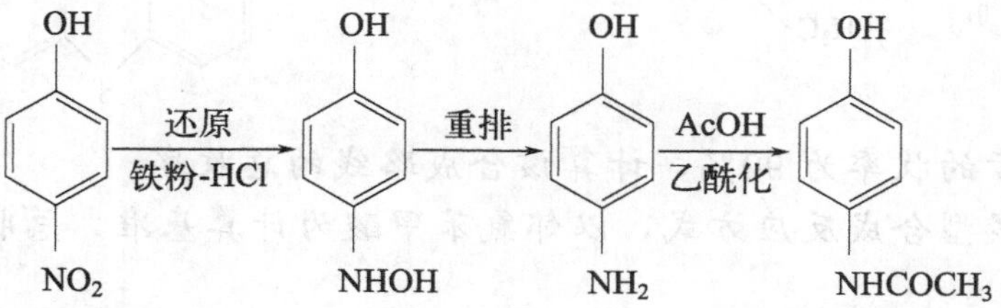

图 3-10　扑热息痛（对乙酰氨基酚）的合成路线

假如每一步的收率为 70%，计算该合成路线的总收率。

解　该直线型合成反应方式，以对硝基苯酚为计算基准，总收率是各步反应收率的乘积：

$$70\%×70\%×70\%×100\%=34.3\%$$

知识链接

扑热息痛是解热镇痛药，解热效果好，特别适用于儿童的解热。正常剂量下对肝脏无损害，但当大量服用时，可导致肝、肾坏死，对儿童的影响更大。

◁ 实例解析

抗精神病药氯丙嗪的合成，因合成路线长、反应步骤多，采用汇聚型合成方式。

先以邻氯苯甲酸和间氯苯胺为原料，经缩合、还原、环合得 2-氯吩噻嗪。

然后以丙烯醇为原料经烃化、氯化、水解得二甲氨基氯丙烷。

最后将以上两步得到的中间体 2-氯吩噻嗪和二甲氨基氯丙烷缩合，制得氯丙嗪产品。

假如每一步的收率为 90%，计算该合成路线的总收率。

解 该汇聚型合成反应方式，以邻氯苯甲酸为计算基准，总收率是各步反应收率的乘积：

$$90\% \times 90\% \times 90\% \times 90\% \times 100\% = 65.61\%$$

四、单元反应的次序安排

在同一条合成路线中，有时其中的某些单元反应的先后顺序可以颠倒，最后都能得到同样的产物。这时，就需要研究单元反应的次序如何安排才最为有利。安排不同，所得中间体就不同，反应条件和要求以及收率也不同。

单纯从收率角度看，应把收率低的单元反应放在前头，把收率高的放在后头，这样做符合经济原则，有利于降低总的各原料消耗定额。在二者收率相差不大的前提下，应尽可能把价格较贵的原料放在最后使用，这样可降低贵重原料的单耗，有利于降低总的原料成本。

在考虑合理安排工序次序问题时，最佳安排还要通过实验和生产实践的验证。

需要注意的是，并不是所有单元反应的合成次序都可以交换，有的单元反应经交换工序后，反而较原工艺路线的情况更差，甚至改变了产品的结构。某些有立体异构体的药物，经交换工序后，有可能得不到原有构型的异构体。所以要根据具体情况安排操作工序。

> **实例解析**

在对硝基苯甲酸合成局部麻醉药物盐酸普鲁卡因的过程中，即使把硝基的还原反应和羧基的酯化反应这两个单元次序先后颠倒，都同样得到普鲁卡因。见图 3-11。

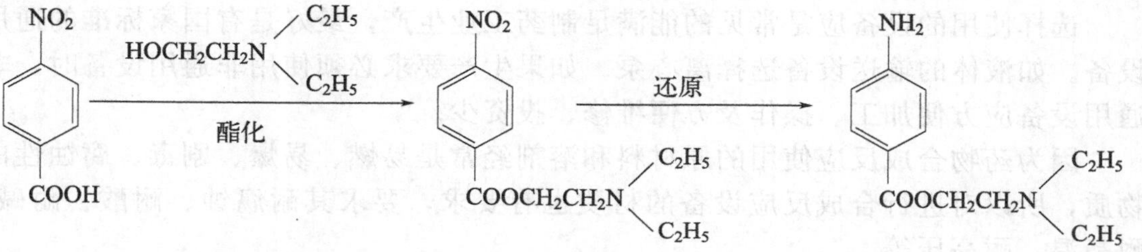

(a)先酯化后还原

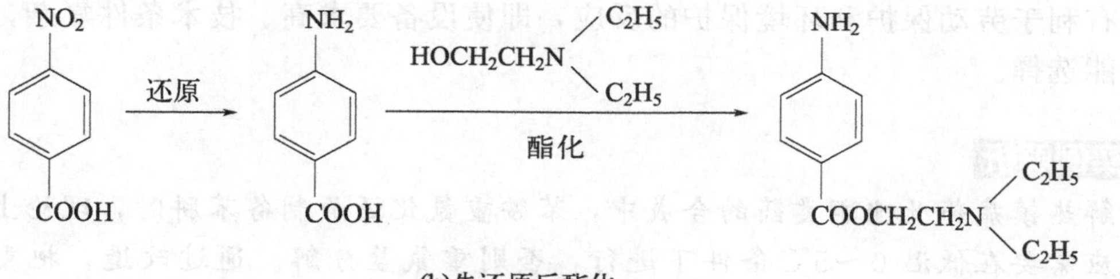

(b)先还原后酯化

图 3-11　对硝基苯甲酸合成普鲁卡因的不同反应次序的合成路线

五、技术条件与设备要求

在药物合成反应过程中，有些反应需要高温、高压、低温、真空，使用的原辅料易燃、易爆、剧毒、腐蚀等。这些反应对技术条件、设备和设备材质的要求比较高。因此，在选择工艺路线时应当充分考虑到以下方面：

1. 操作条件

通过技术改造和采取适当措施，尽量避免超高温、超高压、低温、真空、无水、无空气和多相反应，使操作安全、方便，生产成本低。比如，对于文献资料报道的某些需要高温、高压的反应，通过技术改进采取适当措施使之在较低温度或较低压强下进行，也能达到同样效果，这样就可避免使用耐高温、耐高压的设备和材质，使操作更加安全。

如在避孕药 18-甲基炔诺酮的合成中，由 β-萘甲醚氢化制备四氢萘甲醚时，文献报道需要在 8MPa 条件下进行，经技术改进，降至 0.5MPa 得到了同样的效果。

2. 设备选型

药物的生产条件很复杂，从低温到高温，从真空到超高压，从易燃、易爆到剧毒、强腐蚀性物料等，千差万别。不同的生产条件对设备及其材质有不同的要求，而先进的生产设备是产品质量的重要保证。因此，在设计工艺路线时考虑设备及材质的来源、加工以及投资问题是必不可少的。同时，反应条件与设备条件之间是相互关联又相互影响的，只有使反应条件与设备因素有机地统一起来，才能有效地进行药物的工业生产。

选择使用的设备应是常见的能满足制药工业生产，最好是有国家标准的通用设备。如液体的输送设备选择离心泵。如果生产要求必须使用非通用设备时，非通用设备应方便加工、操作及方便维修、投资少。

因为药物合成反应使用的原材料和溶剂经常是易燃、易爆、剧毒、腐蚀性的物质，所以对进行合成反应设备的材质也有要求，要求其耐腐蚀、耐酸、耐碱、耐高温、耐高压等。

此外，在选择工艺路线时，对能显著提高收率，易实现机械化、自动化操作，有利于劳动保护和环境保护的反应，即使设备要求高、技术条件复杂，也应尽可能选择。

‹ 实例解析

解热镇痛药吡唑酮类药的合成中，苯胺重氮化还原制备苯肼时，理论上重氮化反应需要在低温 0～5℃ 条件下进行，否则重氮盐分解。通过改造，把重氮化反应放在管道反应器内进行，使生成的重氮盐没分解就转入下一步还原反应，这样重氮化反应可以在室温下进行。

六、安全生产

选择工艺路线时，既要考虑操作中的可行性、经济上的合理性，还要考虑生产上的安全问题和环境保护问题。安全为生产，生产要安全。安全生产应从以下方面考虑：

1. 原辅料的安全操作

保证安全生产应从两方面入手：一是尽量避免使用易燃、易爆或具有较强毒性的原辅材料，从根本上清除安全隐患；二是当生产中必须使用易燃、易爆或毒性原辅材料时，应采取必要的安全措施，以保证安全。如采用密封设备、注意车间排气通风、人员配备必要的防护工具，有些操作必须在专用的隔离室内进行。

2. 自动化操作技术

制药厂也要不断实现自动化控制操作。使用新技术、新设备，对于劳动强度大、危险性大的岗位，可逐步采用电脑控制操作，甚至机器人操作，以加强安全性，并达到最优化的控制。

3. 安全管理

必须制定完善的安全规章制度，加强原料、设备、操作等各方面的安全管理，制定详尽的操作简便的应急预案等，做到事前有预防、事中可控制、事后有补救，以此确保安全生产和操作人员的健康，达到安全生产的要求。

> **实例解析**

镇静催眠药——氨甲丙二酯（眠尔通）的合成中，原路线中有一步是以光气为原料，光气剧毒，对安全措施要求非常高，后来改用以尿素和碳酸钠为原料的路线，革除了光气，解决了安全生产的问题，保证了操作工人的健康。

七、环境保护和"三废"防治

在选择工艺路线时，一定要把环境保护和"三废"无害化处理放到首要位置。环境保护应从以下方面考虑：

1. 革新工艺

生产中通过革新工艺，更换原材料、改进操作方法、调整配料比、采用新技术，使"三废"的生成量减少。

2. 循环使用和合理套用

生产过程产生的"三废"中有许多未反应的原料、后处理过程中漏失的产品。循环使用和合理套用，可减少"三废"、降低成本。

3. 加强管理

在制药生产中，建立健全各项安全操作规程及安全管理制度，加强工艺管理，减少误操作，避免因生产失误造成的"三废"；加强设备管理，杜绝设备跑、冒、滴、漏现象的发生。

第三节　生产工艺的验证和优化

药物经过实验室小试和中试车间中试后，需要对确定后的工艺进行工艺验证。要按照中试规模或生产规模投入符合 GMP 的生产车间内进行规模化生产，通过样品生产的过程控制和样品的质量检验，全面评价工艺是否具有较好的重现性以及产品质量的稳定性。

此外，因原料质量标准、投料量、设备容积等的变化，使化学反应、传热、传质、搅拌、后处理等小试、中试以及在工艺验证过程中未出现的问题，在生产车间中暴露出来，如收率降低、成本提高、质量不合格、"三废"增多等。因此，在后续的制药生产中，也同样需要对工艺的关键参数、工艺的耐用性以及过程控制点进行全面地检验和优化，要在生产过程中不断对工艺进行考察、改造，对药物生产过程中不够理想、有缺陷和有潜力的部分进行处理、挖掘，以期提高生产技术水平和产品收率，降低生产成本，减少"三废"，使生产过程最优化。

一、原料的验证和优化

原料的验证和优化主要是从原料的种类、原料的质量规格等方面入手。

原料的质量影响化学反应的收率和产品的质量。

在小试和中试中使用的原料较少，质量易得到保障，收率和质量均比较理想。而到了规模化大生产中，可能会出现产品的收率和质量不理想，此时要查找原因，进行改造，其中确定各原料的质量对反应收率和产品质量的影响就是经常选用的突破口，也是进行工艺改造的重要方面。

验证和优化的方法是作对比试验，首先选择高纯度的试剂级别的原料，进行生产并计算收率和检验质量。然后相同条件下，用工业生产级别的原料进行生产并计算收率和检验质量。如果两者的收率和质量相差无几，则问题不在原料的质量规格上；如果有明显的差别，说明原料的质量规格对产品的质量和收率有影响，需要进行调整和处理。注意，为了工业生产的利益，应尽量使用工业规格的原料。

药品生产所用的原料不是固定不变的，更换原辅材料是降低成本的主要措施之一。除了避免使用易燃、易爆、有毒的原辅材料外，还要考虑原辅材料的价格。在不影响质量和收率的前提下，用价格便宜的原辅材料代替价格较贵的原辅材料也是改造的一个方面。

实例解析

抗菌药磺胺异噁唑合成路线的最后一步是中间体乙酰磺胺异噁唑在碱性条件下的水解反应，见图3-12。

此反应的收率为30％左右，收率低的原因是反应条件不合理？还是中间体乙酰磺胺异噁唑的质量有问题？应进行对比试验。

在实验室，先以精制合格的磺胺异噁唑为原料，经醋酐酰化制备乙酰磺胺异噁唑。见图3-13。

然后把生产中制备的乙酰磺胺异噁唑和实验室制备的乙酰磺胺异噁唑在相同的条件下水解，结果发现，实验室制备的乙酰磺胺异噁唑水解反应的收率为

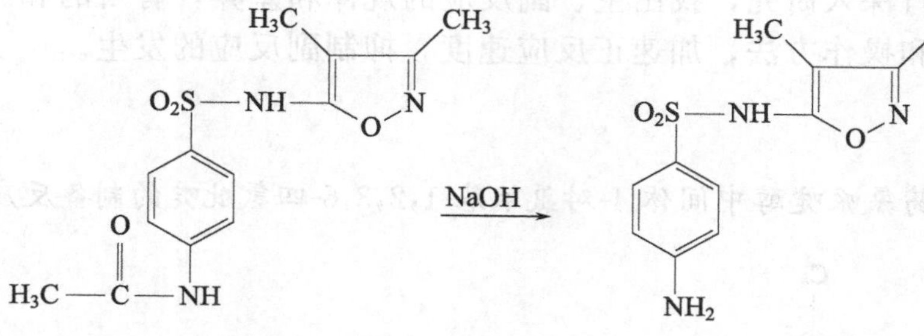

图 3-12　乙酰磺胺异噁唑在碱性条件下的水解反应

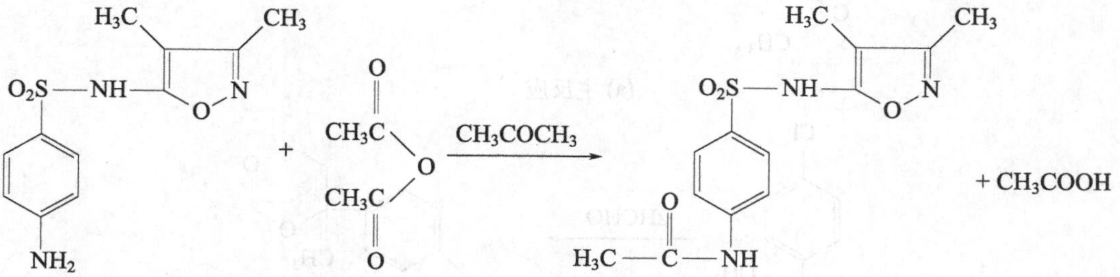

图 3-13　乙酰磺胺异噁唑的制备反应

90％左右，而工业生产中制备的乙酰磺胺异噁唑水解反应的收率仅为 30％左右。

◀ 课堂互动

相同水解条件下，实验室精制的乙酰磺胺异噁唑水解反应收率为 90％左右，而生产车间得到的乙酰磺胺异噁唑水解反应收率只有 30％左右。影响收率的因素是反应条件？还是乙酰磺胺异噁唑的质量？你认为应该怎样进行优化？

二、寻找反应薄弱环节

根据木桶理论，影响产品质量和收率的关键因素是反应中的薄弱部位——收率最低的反应。如果找到了薄弱部位，并进行改造，就达到了工艺优化的目的。

1. 明确合成路线薄弱环节，提出改进方法

合成一个药物是由若干步反应或操作串联构成的，如果产品总收率低或质量差，最好将各步反应或操作分解，逐个进行试验，找出收率较低和影响质量的薄弱环节。

2. 研究薄弱环节的正、副反应机理，提出改进方法

某一反应过程，收率低的原因之一是该反应中有一个或多个副反应发生，应对反应机理进行深入研究，找出主、副反应的规律和差异，有目的和有针对性地改变反应条件和操作方法，加速正反应速度，抑制副反应的发生。

> **实例解析**

抗精神病药氟哌啶醇中间体 4-对氯苯基-1,2,3,6-四氢吡啶的制备反应见图 3-14。

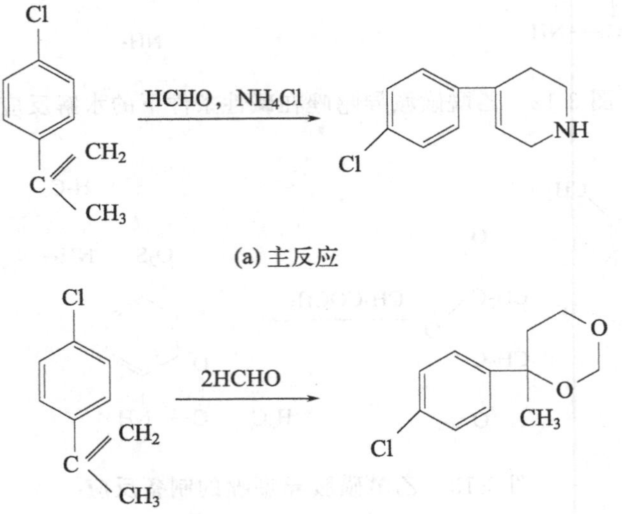

(a) 主反应

(b) 副反应

图 3-14　4-对氯苯基-1,2,3,6-四氢吡啶的制备反应

两个反应的差别在于有无 NH_4Cl 的存在：有 NH_4Cl 时，反应按主反应方向进行；无 NH_4Cl 时，反应按副反应方向进行。

> **课堂互动**

根据抗精神病药氟哌啶醇中间体 4-对氯苯基-1,2,3,6-四氢吡啶的制备反应机理，你认为应该怎样进行工艺优化？

3. 对目前反应条件进行优选

药物合成收率低或质量差的原因之一是反应条件选择不理想。此时可以通过单因次优选法或多因次优选法找到对反应有较大影响的因素和条件，进行改进。

> **实例解析**

消炎镇痛药布洛芬中间体 4-异丁基苯乙酮的生产中，收率为 $40\%\sim50\%$，但同类型反应的收率为 90%，因此对其进行改造。通过正交设计法考察了反应时间、反应温度、配料比，找到了最佳工艺条件，时间 2.5 小时，温度 $25℃$，配料比 1∶1.25。

4. 改用其他相应的试剂

反应中使用的试剂不同，对反应也有影响，如氨基酰化反应中使用的酰化剂有酸酐、羧酸、酰卤、羧酸酯，如原有的酰化剂不理想，可尝试更换新的酰化剂。

5. 对"特殊"批号的分析

生产中常常发现某一批号产品的收率特别高，原因是反应过程中引入了某些"偶然"的因素。如可能是这一批产品使用的原料特别好，加料时间因某种因素延长或缩短，反应温度偶然偏高或偏低等。这些偶然因素，也是改进反应的切入点。应该分析这批产品的反应与其他产品的反应的不同之处，再通过试验来确证这些不同之处与提高反应能力之间的关系，从这些偶然因素中，找出反应的必然规律。所以，生产中必须仔细观察反应中的每一变化，详细做好原始记录。

三、反应后处理方法的影响

反应后处理是指化学反应结束，通过一系列的物理处理方法得到产品的过程。物理方法包括分离、提取、蒸馏、结晶、过滤、干燥、超临界 CO_2 萃取和溶剂提取、色谱等。

反应产率的高低和质量的优劣与反应有关，反应收率的高低和质量是否合格与后处理方法的关系更大。

后处理方法对质量的影响，如温度偏高、溶剂极性偏大或偏小、时间偏长或偏短等均可引起产品的分解、水解、变质。生产中，可比较产品处理前、后的质量，判断处理方法对质量的影响程度，寻找更合理的后处理方法。

后处理方法对收率的影响，如机械损失、洗涤溶剂选择不当、重结晶溶剂溶解度过大、干燥气流夹带现象过重等，都将影响产品的收率。生产中可采用加强回收力度、母液套用以及综合利用的方法予以改进。

四、新技术的应用

工艺改造的另一方面是将新技术应用于生产中，使反应条件温和、收率提高、方便操作。

常用的新技术有固相酶技术、相转移催化反应、微生物催化反应等。

1. 固相酶技术

酶是一种催化剂，具有高度的选择性，在温和的条件下进行高效催化反应。

固相酶是将酶或含酶细胞固定在某一固体载体上，成为具有酶活性的固体催化剂。

固相酶具有一定的机械强度，以柱的形式参与反应，将反应物通过该柱，使生产连续化、自动化，产品易分离。固相酶还可多次连续使用。

固相酶技术在半合成抗生素的生产中被广泛使用，用固相酶裂解青霉素 G 制备 6-APA，用 6-APA 与 D-苯甘氨酸乙酯缩合制备氨苄青霉素即用到该技术。

> **实例解析**

氨苄青霉素的反应见图 3-15。

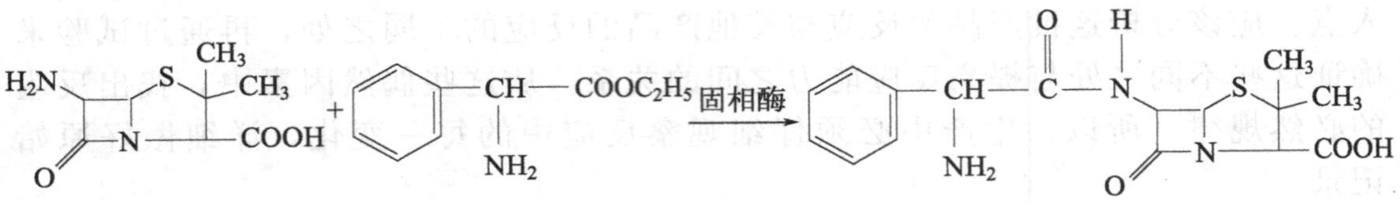

图 3-15　氨苄青霉素的反应

上述反应结构式空间位阻较大，用化学反应进行合成收率低，采用固相酶技术产品的收率高且质量得到保证。

2. 相转移催化反应

药物合成反应中经常遇到非均相反应，非均相反应的特点是速度慢、效果差，有的甚至不反应。为解决此问题，发展出一种新型试剂即相转移试剂。相转移试剂是一种有机试剂，在非均相反应中，它将一相中的反应物转移到另一相中，增加两相的接触机会，改变反应物的浓度，加快反应速度。常用的相转移试剂有鎓盐和大环多醚类化合物。

相转移反应在烃化反应、缩合反应、消除反应、氧化还原反应中被广泛使用。见图 3-16。

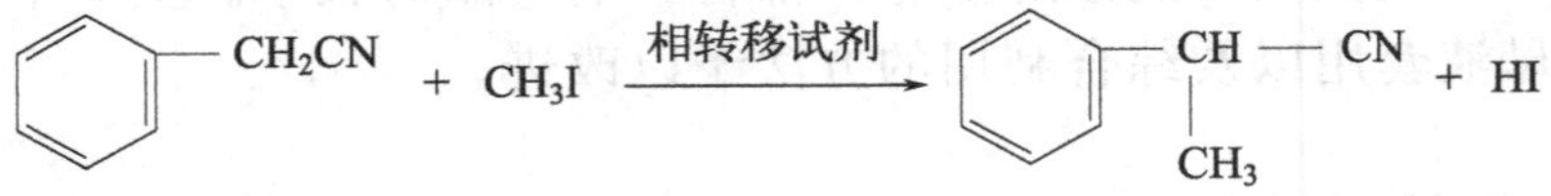

图 3-16　苯乙氰的烃化反应

3. 微生物催化反应

生物体内发生着许多化学变化，例如氧化、还原、水解、缩合等，这些反应都是在室温下，有微生物（酶）参与，在体内进行的复杂、专一、高效率的反应。如果这些反应用化学试剂在体外进行，通常需要高温、强酸、强碱、强氧化剂等条件。所以生产中就利用微生物能催化复杂的反应，且具有专一、收率高的特点，将其应用到药物合成中。

甾体激素类药物合成中，因空间位阻大，引入基团比较难，不仅步骤长、收率低、成本高，而且异构体较多。用微生物（酶）作催化剂，几乎解决了以上所有问题。

比如肾上腺皮质激素合成中的一个中间体，见图 3-17。

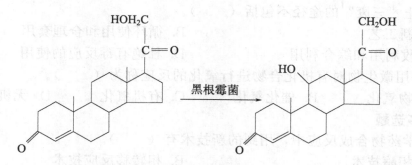

图 3-17 黑根霉菌在肾上腺皮质激素合成过程中的催化反应

> **知识链接**

甾体激素类药物包括肾上腺皮质激素、雌激素、孕激素、雄激素和蛋白同化激素等四类，这类药物的共同结构特点是均具有环戊烷并多氢菲母核结构，即由三个六元环和一个五元环所组成。

习　题

一、单选题

1. 企业里对原料进行改造包括（　　　）。

A. 原料使用方法的改造　　　　　　B. 储存方法的改造

C. 原料价格的改造　　　　　　　　D. 运输方法的改造

2. 企业对特殊批号分析的目的是（　　　）。

A. 寻找最佳反应条件　　　　　　　B. 计算该批号的成本

C. 查找管理的漏洞　　　　　　　　D. 寻找合适的原料

3. 重结晶溶解度过大，将影响产品的（　　　）。

A. 质量　　　　B. 收率　　　　C. 产率　　　　D. 成本

4. 药物工艺路线是（　　　）。

A. 具有生产价值的合成路线　　　　B. 生产中正在使用的合成路线

C. 中试放大中使用的合成路线　　　D. 实验室研发中使用的合成线

5. 合成方式中，工业生产首选的是（　　　）。

A. 汇聚型　　　　B. 直线型　　　　C. 平顶型　　　　D. 尖顶型

6. 安排工序次序时，一般情况下（　　　）。

A. 将价格昂贵的原料放在最后使用　　B. 将收率低的反应放在最后进行

C. 将价格便宜的原料放在最后使用　　D. 将难以进行的反应放在最后进行

7. 由基本化工原料为起始原料，经一系列化学反应制得化学药物的方法称为（　　　）。

A. 半合成法　　　B. 全合成法　　　C. 生物转化法　　　D. 制备法

8. 工业"三废"不包括（　　　）。

A. 废气　　　　B. 废液　　　　C. 废渣　　　　D. 废料

9. 防止"三废"的途径不包括（　　　）。

A. 革新工艺　　　　　　　　　　　B. 循环使用和合理套用

C. 回收利用和综合利用　　　　　　D. 杜绝有毒反应的使用

10. 利用微生物对有机化合物进行氧化的反应称为（　　　）。

A. 生物氧化　　　B. 催化氧化　　　C. 有机氧化　　　D. 无机氧化

二、多选题

1. 化学药物合成反应中，用到的新技术有（　　　）。

A. 固相酶技术　　　　　　　　　　B. 相转移反应技术

C. 微生物催化反应技术　　　　　　D. 化学反应技术

2. 工艺改造中，寻找反应的薄弱环节包括（　　　）。

A. 寻找反应收率低的原因　　　　　B. 寻找副反应发生的条件

C. 寻找反应试剂的来源　　　　　　D. 寻找不合理的工艺条件

3. 酶催化反应的特点是（　　　）。

A. 高度的专一性　　　　　　　　　B. 在高温条件下进行反应

C. 在温和条件下进行反应　　　　　D. 在强酸、强碱条件下进行反应

4. 工艺生产中对原料进行改造包括（　　　）。

A. 原料的质量　　B. 原料的价格　　C. 原料的产地　　D. 原料的供应

5. 反应后处理方法包括（　　　）。

A. 重结晶　　　　B. 干燥　　　　C. 氧化还原反应　　D. 过滤

6. 化学反应类型包括（　　　）。

A. 汇聚型　　　　B. 直线型　　　　C. 平顶型　　　　D. 尖顶型

7. 生产中常用的相转移催化剂包括（　　　）。

A. 锇盐　　　　　B. 大环多醚类　　C. 无机物　　　　D. 卤代烃类

三、判断题

1. （　　　）工艺改造的目的是降低生产成本，提高劳动生产率。

2. （　　　）药物生产过程包括化学变化和物理变化，后处理过程都是化学变化。

3. （　　　）后处理方法对产品质量的影响包括机械损失、反应时间偏长、温度偏高。

4. （　　　）原子利用率为100％的化工反应最理想，表示该反应没有副产物生成，所有的原子均被利用。

5. （　　　）原子利用率为100％的化工反应表示所有的反应物全部转化为目标产物。

6. （　　　）合成反应类型中首选的是尖顶型反应。

7. （　　　）单元反应的次序安排首先应考虑遵循反应本身的规律。

8. （　　　）安排单元反应的次序时，收率低的反应放在前面

9. （　　　）重结晶时加入活性炭的目的是除去沉淀物。

10. （　　　）酶催化反应中，温度越高，反应速度越快。

11. （　　）工业生产中经常选择的反应类型是平顶型反应。
12. （　　）工业生产中经常选择的合成方式是直线型反应。

四、简答题

1. 制药工艺路线的选择和评价原则主要包括哪些方面？
2. 从原料的角度，如何评价制药工艺路线的优劣？
3. 按照最佳反应条件和收率的关系，药物工业生产中的反应类型有几种？简述其各自的特点及适用场合。
4. 药物合成方式有几种？合成方式和收率的关系是什么？
5. 在同一条合成路线中，如何安排单元反应的次序？
6. 合成反应中常用的新技术有哪些？简述其特点及使用范围。

第四章
制药工艺条件的研究

知识目标

1. 了解并掌握反应物的配料比和浓度、加料次序、溶剂、温度、压力、催化剂、反应时间等各种工艺条件对药物合成反应的影响；
2. 熟悉各种工艺条件的含义；
3. 熟悉生产工艺改造的目的和任务；
4. 了解并掌握生产中最佳工艺条件的选择及控制原则。

技能目标

1. 能够熟练说出影响药物合成反应的内因和外因；
2. 能够结合具体的药品生产实际及背景资料，熟练说出其最佳工艺条件的选择及控制原则。

思政素质目标

培养学生按章操作、质量第一的职业素养；树立相信科学、崇尚科学，但又不盲目从众、恪守陈规的人生态度。

在设计和选择了合理的合成路线后，就需要进行生产工艺条件研究。合成路线通常可由若干个合成工序组成，每个合成工序由一系列化学反应过程和物理处理过程组成，即药物的生产工艺也是各种化学单元反应与化工单元操作的有机组合和综合应用。化学反应过程是产生新的物质，是药物生产工艺的核心；物理处理过程是将化学反应得到的新物质进行分离、提纯、精制等，是药物生产工艺的必要保证。这些化学反应和物理单元操作往往需要进行实验室工艺研究（小试），以便优化、选择最佳的生产条件，也为中试放大做准备。探讨药物工艺研究中的实践及其有关理论，需要研究从制药原料到化学原料药的整个生产工艺过程。其中，物理单元主要是制药工程学、制药过程与设备或化工单元操作等课程研究的主要内容。化学反应单元则是制药工艺学研究的主要内容。

药物化学合成过程的影响因素有内因和外因。

内因指参加化学反应的分子结构、键的性质、空间结构、官能团的性质、原子和官能团之间的相互影响及各自的理化性质等，这些内容将在有机化学、有机合成、药物化学、药物分析等学科中进行详细的探讨。

化学反应的外因即反应条件，也就是各种化学反应单元在实际生产中的一些共同规律。比如发生化学反应时的配料比、反应物的浓度和纯度、加料次序、反应温度和压力、溶剂、催化剂、pH、反应终点及控制、反应时间、产物的分离和精制、产品质量监控等，以上这些都是工艺研究的主要内容，也是本章重点讨论的内容。

药物生产的化学反应大部分是有机反应，有机反应的特点是反应速度比较慢、副反应多、收率低。所以工艺研究的重点是如何控制反应向主反应方向进行，减少副反应的发生；或以最短的生产周期和最少的原料消耗获得最多的优质产品，提高经济效益。

第一节　反应物的配料比和浓度

反应物的配料比指参加反应的各物料间的搭配关系。理论配料比是指化学反应方程式中各反应物物质的量的比例关系，通常以摩尔为单位，又称理论摩尔比。

实际生产中由于反应速度、物料的性质、反应类型、损耗、副反应等因素，实际配料比与理论配料比有所不同。实际配料比是经过多次科学试验、反复验证而得出的，生产中常用的配料比有摩尔比和质量比。

配料比的核心是反应物的浓度，浓度对各类型反应速度的影响，根据其为简单反应还是复杂反应而有所不同。简单反应包括零级反应、一级反应、二级反应；复杂反应包括可逆反应、平行反应、连续反应。

一、简单反应的配料比的控制

1. 零级反应

反应速度与反应物浓度无关，与其他因素有关的反应称为零级反应。如光化学反应、电解反应等，与浓度无关，配料比对其没有影响。

2. 一级反应

只有一种反应物分子的反应称为一级反应。反应物浓度与反应速度成正比，因为只有一种反应物，所以不存在配料比的问题。如热分解反应、分子重排反应（贝克曼重排）、烯醇式互变异构等。

课堂互动

己内酰胺合成中的贝克曼重排为一级反应，己内酰胺的生成量与环己酮肟的浓度成正比，与硫酸的浓度无关。见图 4-1。

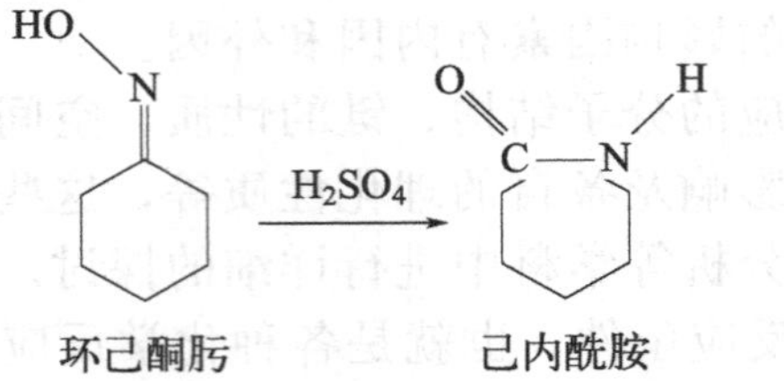

图 4-1　己内酰胺合成中的贝克曼重排反应

请根据已有信息阐述此反应的配料比应如何控制，并说明理由。

3. 二级反应

反应物为两种分子，反应时两种分子碰撞、相互作用发生的反应为二级反应，也称双分子反应。此时反应速度与反应物浓度的乘积成正比，配料比基本上是理论配料比。如加成反应、取代反应、消除反应等。

实例解析

镇静催眠药巴比妥中间体二乙基丙二酸二乙酯的制备就是二级反应，见图 4-2。

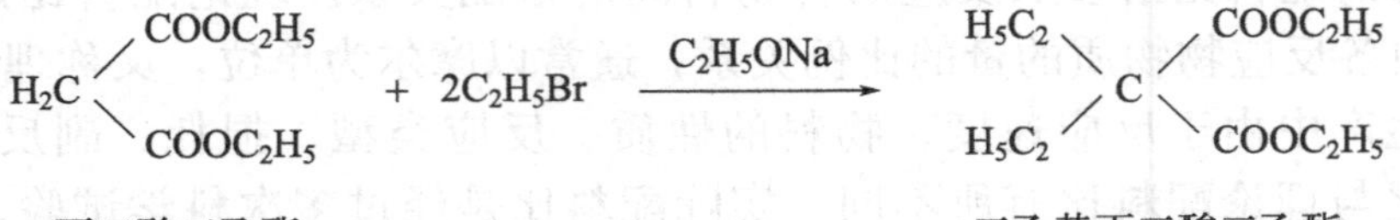

图 4-2　镇静催眠药巴比妥中间体二乙基丙二酸二乙酯的制备反应

二乙基丙二酸二乙酯的产量与丙二酸二乙酯和溴乙烷浓度的乘积成正比。生产中丙二酸二乙酯与溴乙烷的配料比为 1∶2.08。

二、复杂反应的配料比的控制

1. 可逆反应

同一条件、同一反应系统，正反应和逆反应同时进行，任何一方向的反应都不能进行到底的反应为可逆反应。

可逆反应开始时，正反应速度最大，逆反应速度最小。随着反应的进行，反应物浓度逐渐减少，正反应速度逐渐减慢，逆反应速度相应增大。经过一段时间后，正反应速度等于逆反应速度，形成了动态平衡。此时，无论时间长短，反应物和生成物的浓度值都保持不变。

例如乙酸与乙醇的酯化反应：

$$CH_3COOH + C_2H_5OH \Longrightarrow CH_3COOC_2H_5 + H_2O$$

对这种类型的反应，生产中为了提高生成物的产量，都是利用打破化学平衡的方法，使反应向正反应方向进行。

打破平衡的方法有两种：一是增加某一反应物的投料量，二是及时从反应系统中移走某一生成物，即用调节配料比和生成物的浓度来控制反应速度。

生产操作中，一般采取增加价廉易得的反应物的投料量，减少沸点低或分子量小的生成物的浓度。

课堂互动

甾体激素类药物合成中的沃氏氧化反应为可逆反应，见图4-3。

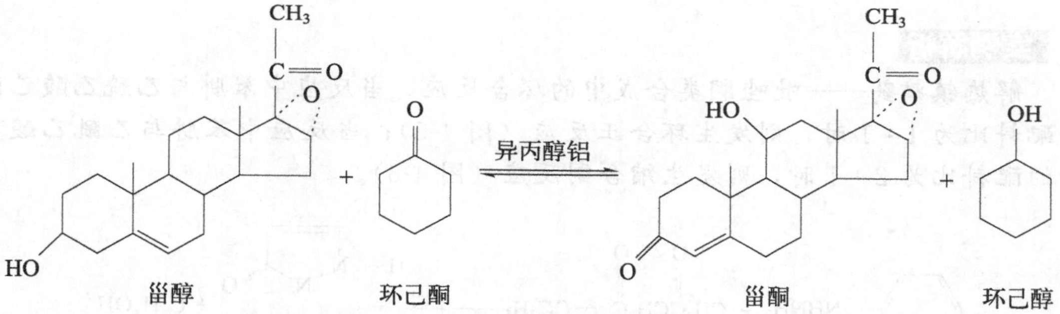

图4-3　甾体激素类药物合成中的沃氏氧化反应

理论配料比（摩尔比），甾醇：环己酮为1:1，而生产中通常控制其实际配料比为甾醇：环己酮＝1:5。该可逆反应通过改变配料比，使价廉易得的反应物环己酮的浓度大大过量，使反应向_____（填写"正"或"逆"）反应方向进行，_____（填写"提高"或"降低"）了_____（填写"正"或"逆"）反应速度，_____（填写"增加"或"减少"）了产物的收率。

课堂互动

何为可逆反应，上述可逆反应是怎样被打破平衡的，为什么？

2. 平行反应

一个反应系统中，同时进行着几种不同的化学反应称为平行反应，又称为竞争性反应，将生产中需要的反应称为主反应，其余的称为副反应。比如氯苯硝化反应就是典型的平行反应，见图4-4。

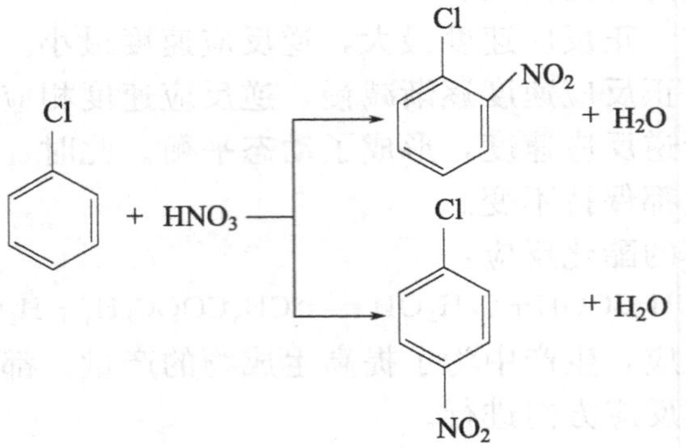

图 4-4　氯苯硝化反应

生产中根据主、副反应的差别，加快主反应的反应速度，减少副反应的发生。比如，当参与主、副反应的反应物的种类和浓度不尽相同时，应利用这一差异，增加某一反应物的用量，或减少另一反应物的用量，以增加主反应的竞争性。同时，适合的配料比应控制在既能使主产物的收率较高，同时又能使反应物单耗较低的某一范围内。

> **实例解析**

解热镇痛药——吡唑酮类合成中的环合反应，当反应中苯肼与乙酰乙酸乙酯的配料比为 1∶1 时，则发生环合正反应（图 4-5）；当反应中苯肼与乙酰乙酸乙酯的配料比为 2∶1 时，则发生缩合副反应（图 4-6）。

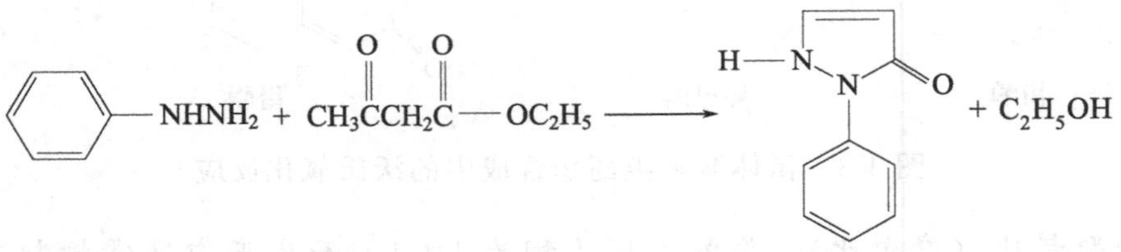

图 4-5　苯肼与乙酰乙酸乙酯的环合反应

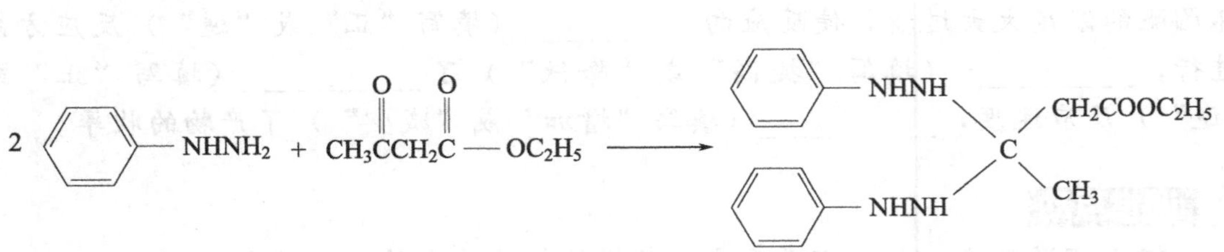

图 4-6　苯肼与乙酰乙酸乙酯的缩合反应

> **实例解析**

在磺胺类药物的合成中，对乙酰氨基苯磺酰氯（ASC）的收率取决于反应液中氯磺酸与硫酸的比例关系。氯磺酸的用量越多，则与硫酸的浓度比越大，对于 ASC 的生成越有利。见图 4-7。

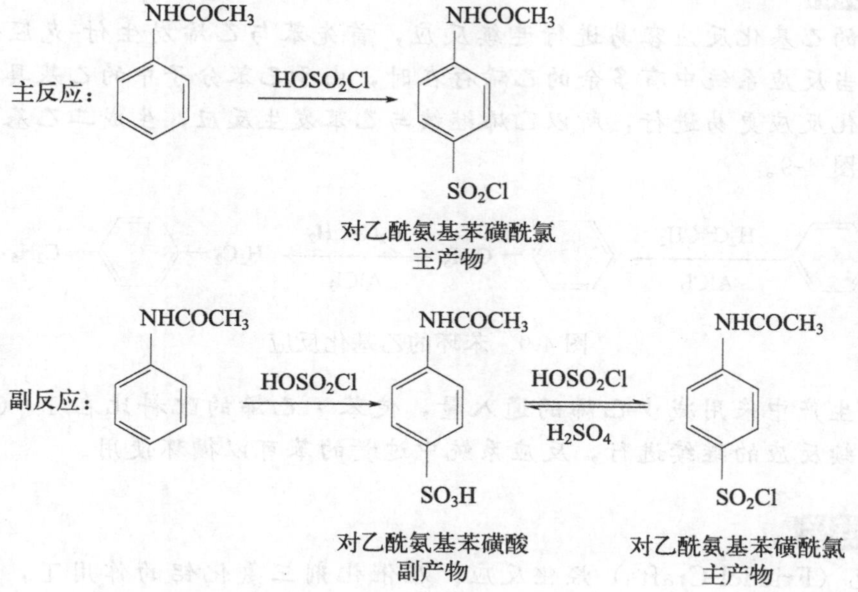

图 4-7　对乙酰氨基苯磺酰氯合成中的主、副反应

▶ 课堂互动

氟哌啶醇中间体 4-对氯苯基-1,2,3,6-四氢吡啶的反应，见图 4-8。

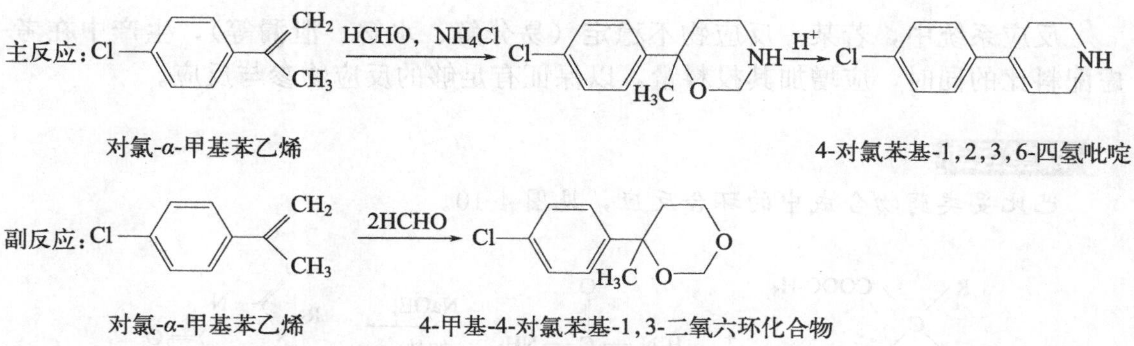

图 4-8　4-对氯苯基-1,2,3,6-四氢吡啶合成中的主、副反应

为了抑制副反应，可适当_____（填写"增加"或"减少"）氯化铵的用量，目前实际生产中氯化铵的用量超过理论量的一倍。

3. 连续反应

一个反应系统中，由于反应条件适合和大量反应物的存在，系统内继续进行的化学反应称为连续反应，生产中把不需要连续进行的反应称为副反应。

为防止连续反应副反应的发生，有些反应的配料比应小于理论值，使反应进行到一定程度后，停止反应。

‹ 实例解析

苯环的乙基化反应容易进行连续反应，首先苯与乙烯发生付-克烃化反应生成乙苯；当反应系统中有多余的乙烯存在时，由于乙苯分子中的乙基具有活化功能，使烃化反应更易进行，所以乙烯继续与乙苯发生反应，生成二乙基苯和多乙基苯。见图 4-9。

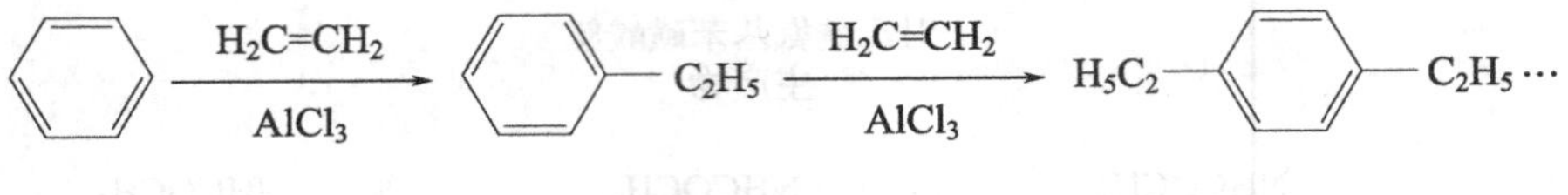

图 4-9　苯环的乙基化反应

工业生产中采用减少乙烯的通入量，使苯∶乙烯的配料比在 $1∶0.4$ 左右，来避免连续反应的继续进行，反应系统中过量的苯可以循环使用。

‹ 知识链接

付-克（Friedel-Crafts）烃化反应：在催化剂三氯化铝的作用下，卤代烃与芳烃发生缩合反应，在芳环上引入烃基的反应。

三、配料比的控制需注意的其他问题

1. 反应物的特殊性

反应系统中，若某一反应物不稳定（易分解、水解、泄漏等），生产中在考虑配料比的同时，应增加其投料量，以保证有足够的反应物参与反应。

‹ 课堂互动

巴比妥类药物合成中的环合反应，见图 4-10。

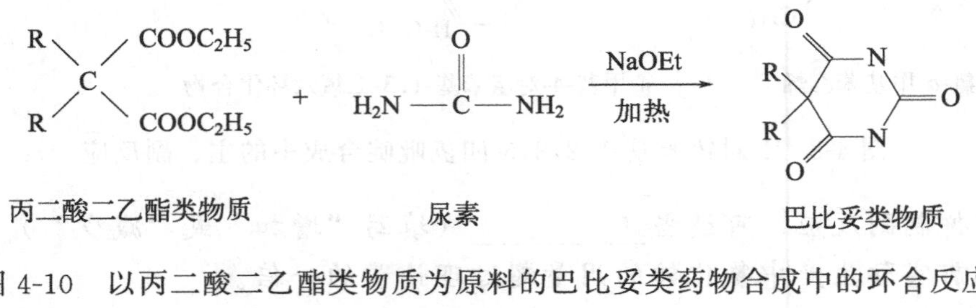

丙二酸二乙酯类物质　　　　　　尿素　　　　　　巴比妥类物质

图 4-10　以丙二酸二乙酯类物质为原料的巴比妥类药物合成中的环合反应

丙二酸二乙酯类物质∶尿素理论上的配料比（摩尔比）为 $1∶1$。生产中，实际控制的配料比为丙二酸二乙酯类物质∶尿素为 $1∶1.6$，控制尿素略微过量的原因是尿素在碱性条件下加热_____。

2. 主、副反应的特殊性

当主、副反应的发生是因为反应物的配料比不尽相同时，应利用这一差别，增加主反应，避免副反应。

> **实例解析**

抗结核病药物异烟肼合成中的主、副反应如图 4-11 所示。

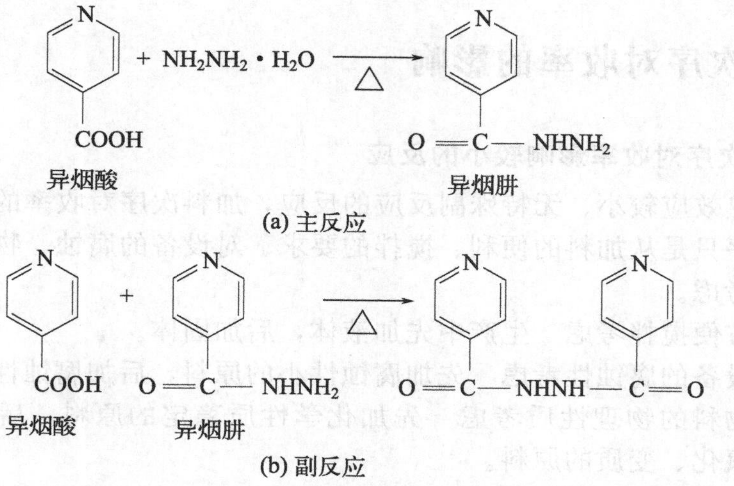

(a) 主反应

(b) 副反应

图 4-11　异烟肼合成中的主、副反应

从反应可以看出，当反应物异烟酸过量时，就有副反应的发生。

> **课堂互动**

根据抗结核病药物异烟肼合成中的主副反应机理，探讨应如何控制该反应的配料比。

第二节　加料次序的影响

有些化学反应无论按什么次序加料，对反应均无影响。而有些化学反应，加料次序不同，对反应的影响较大。由于加料次序不合理，可能会导致副反应的发生或副反应的转化率提高、产品收率降低、设备的腐蚀程度增加等一系列问题。

一、加料次序的分类

加料次序有"顺式"加料和"反式"加料等多种加料方式。每种加料次序又有一次性加入、滴加和分批缓慢加入等三种加料方式。

1. "顺式"加料方式

先加反应物，所有的反应物全部添加完毕后，再加催化剂、溶剂等助剂的加料次序，称为"顺式"加料。

2. "反式"加料方式

先加催化剂、溶剂等助剂，所有的助剂全部添加完毕后，再加反应物的加料次序称为"反式"加料。

3. 其他加料方式

如反应物和催化剂、溶剂等助剂交替添加的加料次序。

二、加料次序对收率的影响

1. 加料次序对收率影响较小的反应

对一些热效应较小、无特殊副反应的反应，加料次序对收率的影响较小。此时的加料次序只是从加料的便利、搅拌的要求、对设备的腐蚀、物料本身的性质等方面进行考虑。

（1）从方便搅拌考虑　生产中先加液体，后加固体。

（2）从设备的腐蚀性考虑　先加腐蚀性小的原料，后加腐蚀性大的原料。

（3）从物料的物理性质考虑　先加化学性质稳定的原料，后加易分解、挥发、水解、氧化、变质的原料。

2. 加料次序对收率影响较大的反应

对一些热效应（包括反应热、溶解热、稀释热等）较大，同时可能发生副反应的反应，加料次序就显得非常重要，将直接影响产品的质量和收率。

一般情况下，副反应的发生与反应温度、反应物浓度、系统的酸碱度有关。

三、典型实例解析

1. "反式"加料典型实例解析

磺胺抗菌增效剂甲氧苄氨嘧啶合成中 3-甲氧基丙腈的合成反应见图 4-12。

$$H_2C=CH-CN + CH_3OH \xrightarrow{CH_3ONa} CH_3OCH_2CH_2CN$$

　　　　丙烯腈　　　甲醇　　　　　　　　3-甲氧基丙腈

图 4-12　3-甲氧基丙腈的合成反应

正确的加料次序是，在冷却条件下，将反应物甲醇和丙烯腈的混合液，滴加到助剂甲醇钠溶液中，这种加料方式生产中称为"反式"加料。

反之，由于丙烯腈在碱性条件下不稳定，遇碱易聚合成胶状物。

2. "顺式"加料典型实例解析

抗结核药异烟肼的合成中 4-甲基吡啶的氧化反应见图 4-13。

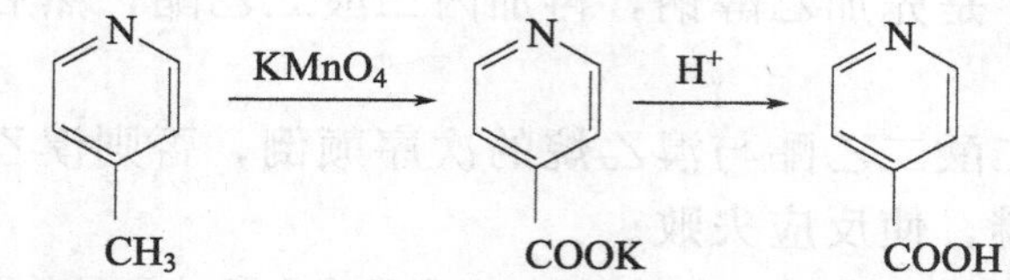

4-甲基吡啶　　　异烟酸钾　　　异烟酸

图 4-13　4-甲基吡啶的氧化反应

正确的加料次序是，先加 4-甲基吡啶，再加高锰酸钾，收率高，设备的腐蚀性小，反应易控制。

这种加料方式，生产中称为“顺式”加料。反之，先加高锰酸钾，再加 4-甲基吡啶，氧化剂高锰酸钾的浓度过高，反应剧烈，温度不容易控制，易将异烟酸进一步氧化。另外高锰酸钾对设备的腐蚀性较大。

3. 其他加料方式典型实例解析（1）

抗血吸虫药呋喃丙胺合成中糠醛与乙醛的反应：

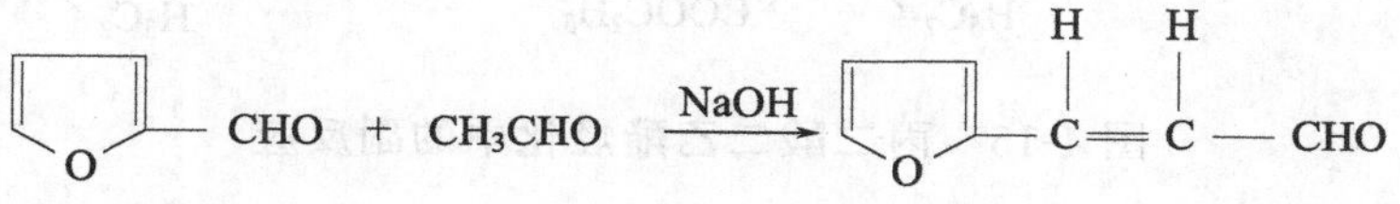

糠醛　　　乙醛

正确的加料次序是先将等分子的糠醛与乙醛混合，然后加入氢氧化钠。

如果先将糠醛与氢氧化钠混合，则发生歧化反应，又称康尼查罗反应：

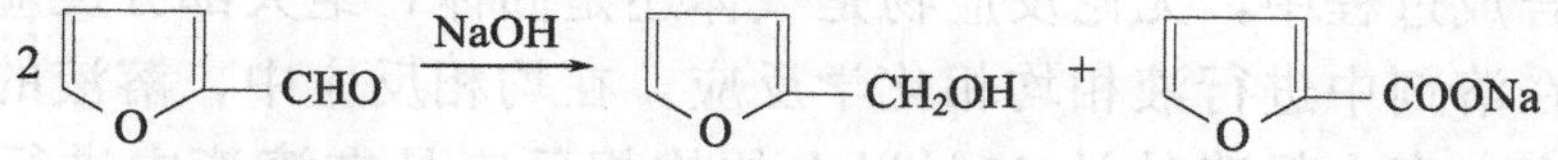

如果先将乙醛与氢氧化钠混合，则发生羟醛缩合反应：

$$2\,CH_3CHO \xrightarrow{NaOH} H_3C-\underset{H}{C}=\underset{H}{C}-CHO$$

4. 其他加料方式典型实例解析（2）

镇静催眠药异戊巴比妥合成中丙二酸二乙酯的烃化反应见图 4-14。

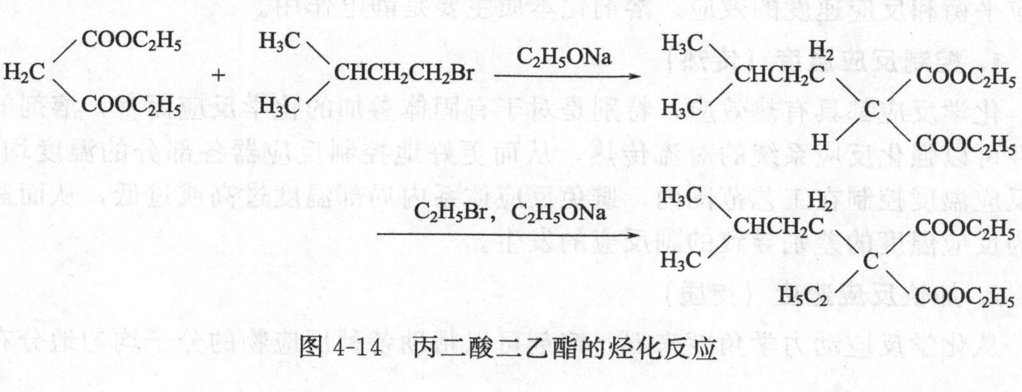

图 4-14　丙二酸二乙酯的烃化反应

正确的加料次序是先加乙醇钠，再加丙二酸二乙酯，然后滴加溴乙烷。这里注意两点：

一是不能将丙二酸二乙酯与溴乙烷的次序颠倒，否则溴乙烷与乙醇钠发生反应，生成大量的乙醚，使反应失败。

$$C_2H_5Br + C_2H_5ONa \longrightarrow C_2H_5OC_2H_5 + BrNa$$

二是进行烃化反应时，先引进异戊基，再引进乙基。若先引进乙基，因为乙基的空间位阻比异戊基小，乙基易烃化，所以活性亚甲基上的两个活性氢均可能被乙基取代，使反应失败。见图 4-15。

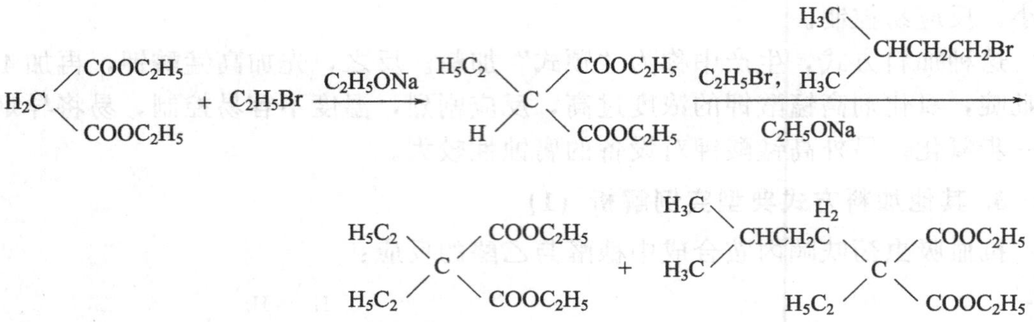

图 4-15 丙二酸二乙酯烃化中的副反应

第三节 溶 剂

在药物合成过程中，无论反应物是气体还是固体，绝大部分反应都要求气体和固体溶解在溶剂中进行液相均相化学反应，在均相反应中，溶液的反应远比气相反应多得多，有人粗略估计 90% 以上的均相反应是在溶液中进行的，所以反应需要溶剂的参与。

一、溶剂的作用

溶剂效应亦称"溶剂化作用"，指液相反应中，溶剂的物理和化学性质影响反应平衡和反应速度的效应。溶剂化本质主要是静电作用。

1. 控制反应温度（传热）

化学反应都具有热效应，特别是对于有固体参加的化学反应而言，溶剂的流动性可以强化反应系统的对流传热，从而更好地控制反应器各部分的温度均匀，将反应温度控制在工艺范围内，避免反应体系内局部温度过高或过低，从而避免因为反应温度的差别导致的副反应的发生。

2. 加快反应速度（传质）

从化学反应动力学角度来看，溶剂可以帮助各种反应物的分子均匀地分布在同一相中，增加分子间接触和碰撞的机会，从而加快反应速度。同时，对中性溶质分子而言，有机反应物中共价键的异裂将引起电荷的分离，形成正、负离子，故增加溶剂的极性，对溶质（反应物）影响较大，能降低过渡态的能量，结果使反应的活化能降低，反应速度大幅度加快。比如，自由基的复合反应、水溶液中的离子反应等反应活化能很小的反应。

3. 溶剂的性质对药物合成反应的影响（化学反应）

某些溶剂可以直接影响或改变反应的方向、深度和产物的构型等。例如某些平行反应，常可借助溶剂的选择使得其中一种反应的速度变得较快，使某种产品的数量增多。因此药物合成中溶剂的选择和使用是非常重要的。溶剂对反应速度的影响是一个极其复杂的课题，一般来说：

（1）溶剂的极性对反应速度有影响　如果生成物的极性比反应物大，则在极性溶剂中反应速度比较大；反之，如反应物的极性比生成物极性大，则在极性溶剂中反应速度必变小。

（2）溶剂化对反应速度有影响　一般来说，反应物与生成物在溶液中都能或多或少地形成溶剂化物。这些溶剂化物若与任一种反应分子生成不稳定的中间化合物而使活化能降低则可以使反应速度加快。如果溶剂分子与作用物生成比较稳定的化合物，则一般常能使活化能增高，而减慢反应速度。如果活化络合物溶剂化后的能量降低，降低了活化能，就会使反应速度加快。

> **知识链接**

1. 离子型反应

有机反应中，反应物中的共价键发生异裂形成了正、负离子，正、负离子进攻发生的反应称为离子型反应。

2. 游离基型反应

有机反应中，反应物中的共价键发生均裂形离游离基，游离基进攻发生的反应称为游离基型反应。

二、溶剂的分类

生产中，一般将溶剂分为质子性溶剂（rotic solvent）和非质子性溶剂（aprotic slovent）两大类。

1. 质子性溶剂

质子性溶剂指分子中含易取代氢原子，靠形成氢键和配位键产生溶剂化效应的液体物质。

溶剂分子中的易取代氢原子与反应物中的阴离子以氢键的方式结合，产生溶剂化作用，如水、酸、醇等；或与阴离子中的孤对电子以配位方式结合；或与中性分子中的氧原子或氮原子形成氢键；或由于偶极距的相互作用而产生溶剂化作用。

质子性溶剂既是氢键的给予体，又是氢键的接受体，在离子型反应中具有高度的溶剂化能力。溶剂能否提供质子形成氢键或配位键，对溶质和溶剂的相互作用有较大的影响。

质子性溶剂主要有：

（1）水。

（2）醇类：CH_3OH、CH_3CH_2OH。

（3）无机酸：硫酸、多聚磷酸、氢氟酸-三氟化锑（$HF\text{-}SbF_3$）、氟磺酸-三氟化锑（$FSO_3H\text{-}SbF_3$）。

（4）有机酸：$HCOOH$、CH_3COOH、三氟乙酸（F_3CCOOH）。

（5）氨和胺类化合物：CH_3NH_2、$CH_3CH_2NH_2$、$(CH_3CH_2)_2NH$ 等。

大部分质子性溶剂都是极性溶剂。

2. 非质子性溶剂

非质子性溶剂指分子中不含易取代氢原子，靠偶极矩和范德华力产生溶剂化效应的液体物质。

非质子性极性溶剂有：

（1）醚类：醚、四氢呋喃、二氧六环等。

（2）卤素化合物：氯甲烷、氯仿、二氯乙烷等。

（3）酮类：丙酮、甲乙酮等。

（4）硝基烷烃类：硝基甲烷。

（5）苯系：苯、甲苯、二甲苯、氯苯、硝基吡啶、乙腈、喹啉、亚砜类〔二甲基亚砜（DMSO）〕。

（6）酰胺类：甲酰胺、二甲基甲酰胺（DMF）、N-甲基吡咯烷酮（NMP）、二甲基乙酰胺（DMAA）、六甲基磷酰胺（HMPA）。

（7）吡啶等。

非质子性非极性溶剂一般指脂肪烃类化合物，常用的有正己烷、环己烷、庚烷和各种沸程的石油醚。

> **知识链接**

1. 极性溶剂与非极性溶剂

介电常数和偶极距小的溶剂，其溶剂化作用亦小。溶剂介电常数可近似估计溶剂的极性大小。一般介电常数在 15 以上的称为极性溶剂，15 以下的称为非极性溶剂（或惰性溶剂）。

2. 介电常数

在化学中，介电常数是溶剂的一个重要性质，它表征溶剂对溶质分子溶剂化以及隔开离子的能力。介电常数随分子偶极矩和可极化性的增大而增大。介电常数大的溶剂，有较大的隔开离子的能力，同时也具有较强的溶剂化能力。

三、溶剂对反应速度和反应方向的影响

1. 溶剂对离子型反应速度的影响

有机反应按其反应机理可分为两大类：游离基型反应、离子型反应。在游离基型反应中，溶剂对反应并无显著影响，特别是溶剂对反应速度的影响不明显。在离子型反应中，溶剂对反应速度的影响是很大的。例如极性溶剂可以促进离子反应，显然这类溶剂对单分子亲核取代反应（SN1 反应）最为适合。

比如氯化氢或对甲苯磺酸这类强酸，它们在甲醇中的质子化作用首先被溶剂分子所破坏而遭到削弱；而在氯仿或苯中，酸的"强度"将集中作用在反应物上，因而得到加强，导致更快的甚至不同的反应。

> **实例解析**

2-溴-2-甲基丙烷的水解反应：

反应速度由溴代烷中 R—X 的离子化程度决定，离子化程度高，反应速度加快，故极性溶剂对反应有利。

> **实例解析**

贝克曼（Beckmann）重排反应：

其反应速度取决于第一步的解离反应，而解离过程是典型的离子型反应，故极性溶剂有利于反应。选择不同溶剂，其相对反应速度如表 4-1 所示。

表 4-1　选择不同溶剂时，贝克曼重排反应的相对反应速度

溶剂	C_6H_6	$CHCl_3$	$C_2H_4Cl_2$
介电常数(20℃)	2.28	5.0	10.7
溶剂极性	小	较大	大
相对反应速度	小	较大	大

从表 4-1 可以看出，溶剂的介电常数（20℃）越大，溶剂的极性越大，相对反应速度越大。

2. 溶剂对均相化学反应的速度和级数的影响

选择合适的溶剂，可以实现化学反应的加速或减缓，有些溶剂甚至可以改变化学反应的历程而改变反应级数。

实例解析

在碘乙烷与三乙胺生成季铵盐的反应中，选择不同溶剂，其相对反应速度如表 4-2 所示。

$$CH_3CH_2-\underset{CH_2CH_3}{\underset{|}{N}}-CH_2CH_3 + CH_3CH_2I \longrightarrow \left[CH_3CH_2-\overset{+}{\underset{CH_2CH_3}{\underset{|}{N}}}\overset{CH_2CH_3}{\overset{|}{}}-CH_2CH_3 \right] I^-$$

表 4-2　选择不同溶剂时碘乙烷与三乙胺生成季铵盐的相对反应速度

溶剂	$n\text{-}C_6H_{14}$	C_6H_6	C_6H_5Cl	$C_6H_5NO_2$
相对反应速度	0.00018	0.0058	0.023	70.1

从表 4-2 可以看出，溶剂的极性增大，相对反应速度呈级数增大。

所以，在药物合成反应中，选择适当的溶剂和产物，可以加快反应速度或减慢反应速度。

3. 溶剂对反应方向的影响

溶剂对反应方向的影响是比较明显的。

实例解析

甲苯与溴进行溴化反应时，取代反应是发生在苯环上，还是发生在甲基侧链上，可用不同极性的溶剂来控制，如图 4-16 所示。

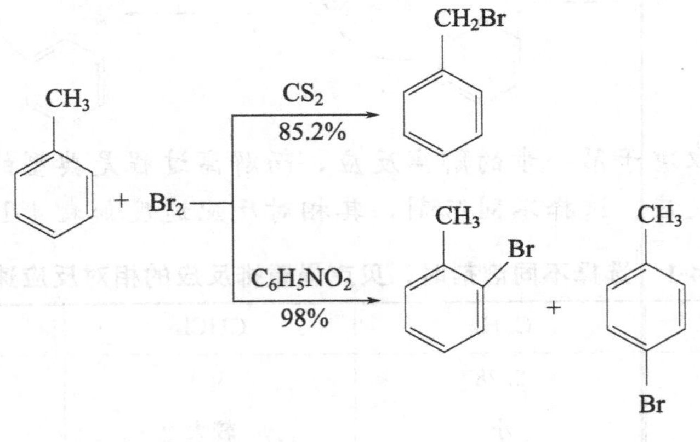

图 4-16　甲苯与溴的溴化反应

若是非极性溶剂 CS_2，则进行游离基型反应，取代反应发生在侧链上，生成溴甲苯一种产物。

若是极性溶剂 $C_6H_5NO_2$，则进行亲电取代反应，取代反应在苯环上进行，生成邻溴甲苯和对溴甲苯的混合物。

◂ 实例解析

苯酚与乙酰氯进行付-克（Friedel-Crafts）酰化反应时，在极性溶剂硝基苯中，主产物是对位取代物；若在非极性溶剂二硫化碳中反应，主产物是邻位取代产物。见图 4-17。

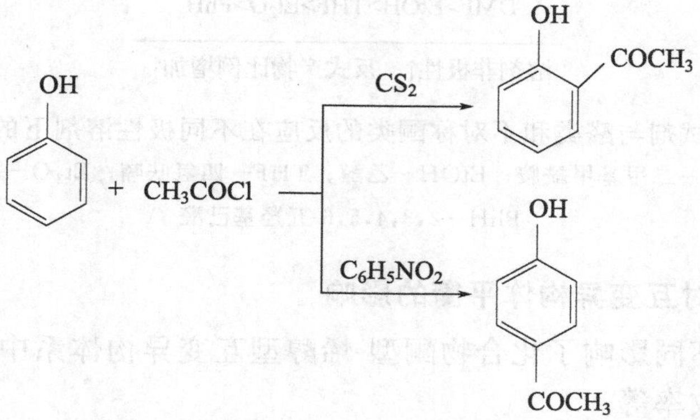

图 4-17　苯酚与乙酰氯的付-克酰化反应

4. 溶剂对顺反异构体产品构型的影响

由于溶剂极性不同，有的反应产物中顺反异构体的比例不同。Wittig 试剂与醛类和不对称酮类反应时，得到的烯烃是一对顺反异构体，典型的 Wittig 试剂亚丙基三苯基膦与苯甲醛在不同溶剂下的反应，其反应式如图 4-18 所示。

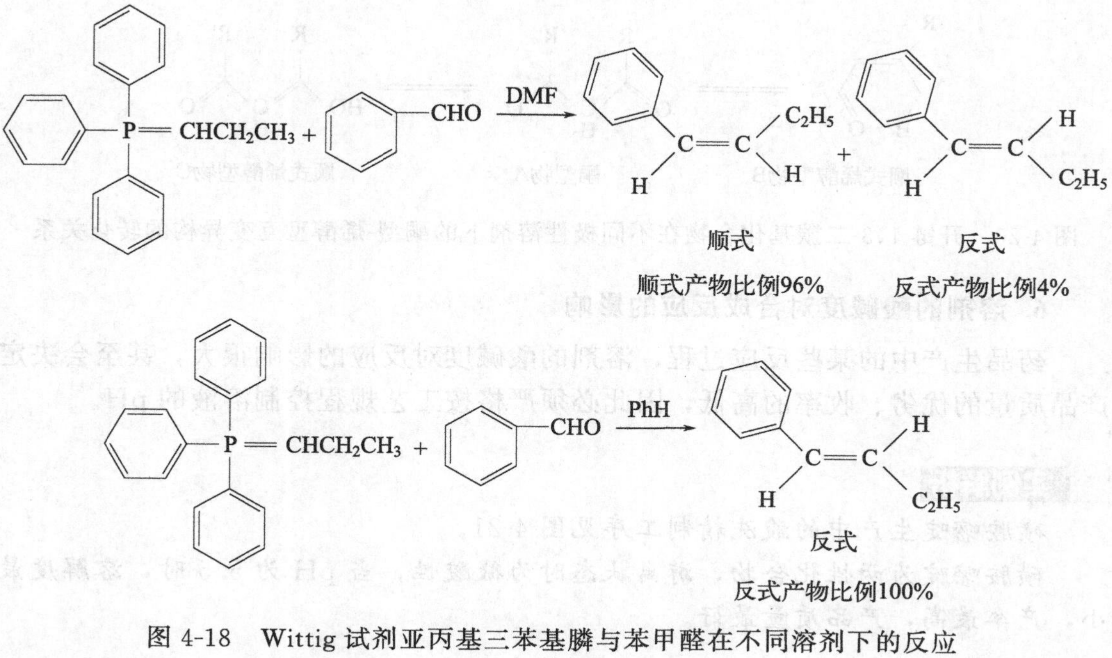

顺式产物比例96%　　反式产物比例4%

反式产物比例100%

图 4-18　Wittig 试剂亚丙基三苯基膦与苯甲醛在不同溶剂下的反应

以前认为产品的立体构型是无法控制的，因而只能得到顺、反异构体混合物。后来人们发现控制反应的溶剂和温度可以使某种构型的异构体成为主要产物。研究表明，Wittig 试剂与醛类和不对称酮类反应时，当反应在非极性溶剂中进行时，有利于反式异构体的生成；在极性溶剂中进行时则有利于顺式异构体的生成。见图 4-19。

溶剂极性↑，顺式产物比例增加↑

←——————————————

DMF>EtOH>THF>Et_2O>PhH

——————————————→

溶剂非极性↑，反式产物比例增加↑

图 4-19　Wittig 试剂与醛类和不对称酮类的反应在不同极性溶剂下的反应产物的变化

DMF—二甲基甲酰胺；EtOH—乙醇；THF—四氢呋喃；Et_2O—乙醚；

PhH—2,3,4,5,6-五羟基己醛

5. 溶剂极性对互变异构体平衡的影响

溶剂极性的不同影响了化合物酮型-烯醇型互变异构体系中两种形式的含量，因而也影响产物收率等。

在溶液中，开链 1,3-二羰基化合物实际上完全烯醇化为顺式烯醇型物 B，这种形式可以通过分子内氢键而稳定化。极性溶剂有利于酮型物 A 的形成，非极性溶剂有利于烯醇型物 C 的形成。

以烯醇型物含量来看，在水中为 0.4%，乙醇中为 10.52%，苯中为 16.2%，环己烷中为 46.4%，随着溶剂极性的降低，烯醇型物含量越来越高。A、B、C 三种形式的转换见图 4-20。

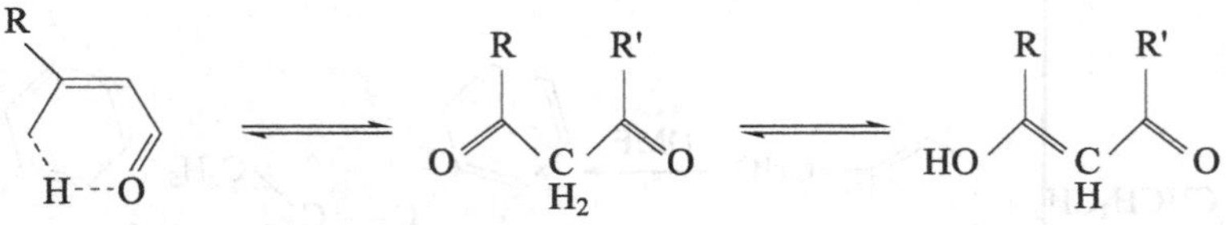

顺式烯醇型物B　　酮型物A　　顺式烯醇型物C

图 4-20　开链 1,3-二羰基化合物在不同极性溶剂下的酮型-烯醇型互变异构的转化关系

6. 溶剂的酸碱度对合成反应的影响

药品生产中的某些反应过程，溶剂的酸碱度对反应的影响很大，甚至会决定产品质量的优劣、收率的高低，因此必须严格按工艺规程控制溶液的 pH。

实例解析

磺胺嘧啶生产中的酸洗精制工序见图 4-21。

磺胺嘧啶为两性化合物，游离状态时为微酸性，当 pH 为 5.5 时，溶解度最小，产率最高，产品质量最好。

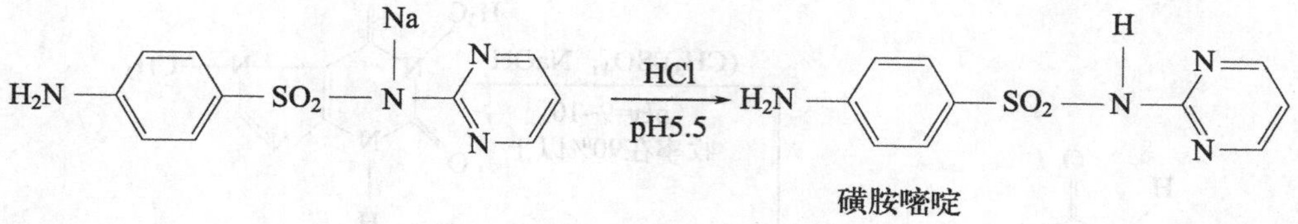

图 4-21 磺胺嘧啶的酸洗精制过程

> **实例解析**

氯霉素中间体对硝基-α-乙酰氨基苯乙酮的甲基化反应如图 4-22 所示,当反应液的 pH 为 7.8~8.0 时,反应正常进行,引入一个羟甲基;当反应液的 pH>8.0 时,发生副反应,引入两个羟甲基;当反应液的 pH<7.8 时,反应不发生。

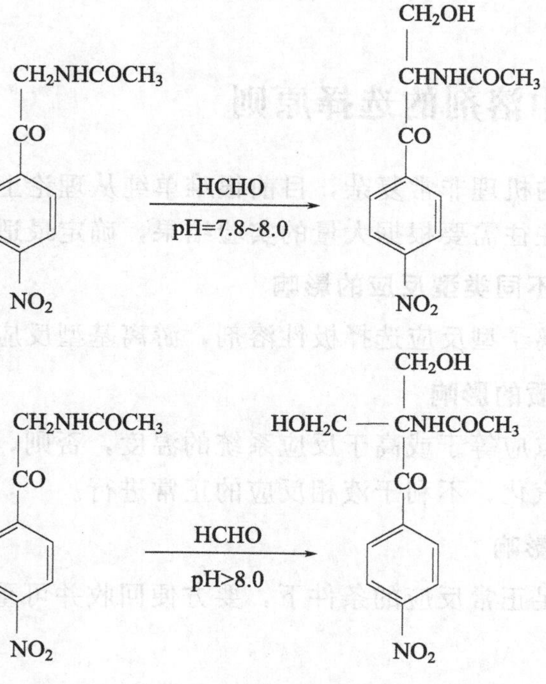

图 4-22 对硝基-α-乙酰氨基苯乙酮的甲基化反应

> **实例解析**

中枢兴奋药咖啡因的生产中,利用控制反应液的 pH 进行选择性反应,当反应液的 pH 为 9~10 时,得到咖啡因且收率在 90% 以上;当反应液的 pH 在 4~8 时,得到可可碱。见图 4-23。

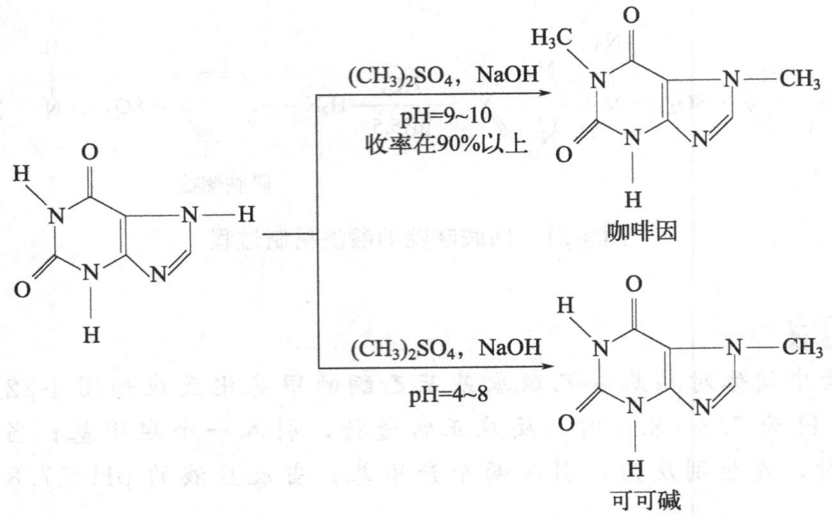

图 4-23　咖啡因的合成反应

四、合成反应中溶剂的选择原则

溶剂影响反应的机理非常复杂，目前很难单纯从理论上十分可靠地找出某一反应的最佳溶剂，往往需要根据大量的实验结果，确定最适合的溶剂。

1. 溶剂极性对不同类型反应的影响

一般情况下，离子型反应选择极性溶剂，游离基型反应选择非极性溶剂。

2. 溶剂物理性质的影响

所选溶剂的沸点应等于或高于反应系统的温度，否则，在相同的温度和压力条件下，溶剂先被汽化，不利于液相反应的正常进行。

3. 生产成本的影响

所选溶剂在满足正常反应的条件下，要方便回收并可重复使用，以降低生产成本。

4. 安全性

所选溶剂应无毒或低毒，溶剂的闪点、自燃点、挥发性、腐蚀性等都是考虑的范围。

> **知识链接**
>
> 闪点：可燃液体，当挥发的蒸气和空气的混合物与火源接触能够闪出火花时，这种短暂的燃烧过程称为闪燃，发生闪燃的最低温度称为闪点。
>
> 自燃点：是指在规定的条件下，可燃物质产生自燃的最低温度。

五、重结晶时溶剂的选择

在药物合成工艺研究中，除了在合成反应过程中要选择适当的溶剂外，重结晶时，溶剂的选择是实际生产中遇到的另一个重要课题。

重结晶的目的是除去由原辅材料和副反应带来的杂质，达到精制和提纯的目的。因此，理想的重结晶溶剂的选择要考虑：

① 对杂质具有良好的溶解性；

② 对结晶的药物具有所期望的溶解性，室温下微溶、接近溶剂沸点时易溶；

③ 结晶的状态和大小，均相液态是药物合成反应的最佳反应相态。

第四节　温度和压力

一、反应温度

温度对反应速度的影响是非常大和复杂的，一些反应要求在加热条件下进行，如生产中反应温度要求在 150℃ 左右；一些反应则要求在低温条件下进行，如重氮化反应。

对一般的合成反应来说，温度提高，反应速度加快，理论上选择在加热条件下进行反应。通过大量实验，范特霍夫总结归纳出一个近似规律，称为范特霍夫 (Van's Hoff) 规则，即反应温度每升高 10℃，反应速度大约增加 2～4 倍。多数反应符合上述规则，但不是所有的反应都符合。升高温度，反应速度加快，生产周期缩短，生产成本降低。但温度升高，正反应速度加快的同时，反应物可能分解、生成物可能分解、副反应的速度也可能加快等，所以反应温度的选择非常重要。温度对反应速度的影响是非常复杂的，总结起来有以下四种类型，如图 4-24 所示。

1. 第 I 种类型，一般反应

反应速度随温度的升高而逐渐加快，它们之间符合阿伦尼乌斯反应速度方程式，速度和温度之间成指数关系，如图 4-24（a）所示。这类反应是生产中常见且经常选择的反应，但生产中不是温度越高越好。因为温度高，正、副反应的速度加快，加热剂用量、加热设备的尺寸、保温设施、维护费用均提高。

> **实例解析**

阿司匹林生产中的乙酰化反应，当温度为 75～80℃ 时，发生正反应；当温度高于 80℃ 时，则发生副反应，如图 4-25 所示。

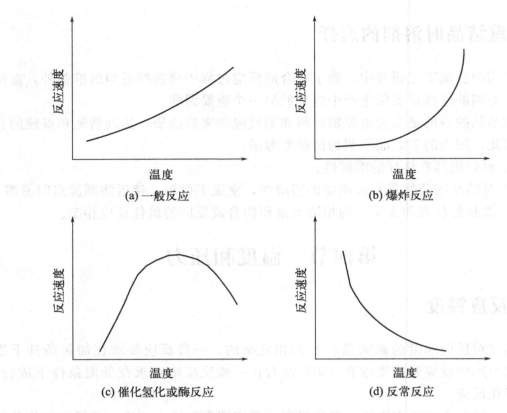

图 4-24 不同反应类型中温度对反应速度的影响

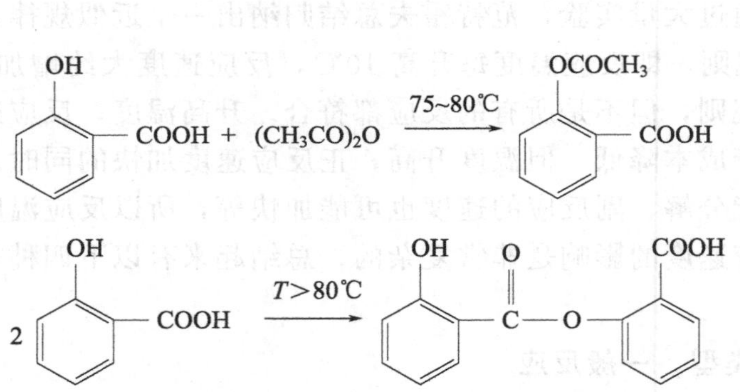

图 4-25 阿司匹林生产中不同温度下的乙酰化反应

⟨ **课堂互动**

根据阿司匹林生产中的乙酰化反应机理，生产中应该如何控制副反应的发生？

2. 第Ⅱ种类型，爆炸反应

爆炸反应，反应刚开始时，温度对反应速度的影响很小，当温度升高到一定值时，反应即以爆炸速度进行，如图 4-24（b）所示。如原子弹的爆炸就属于此类反应。这类反应比较难控制，生产中尽量不选择这种类型的反应。

3. 第Ⅲ种类型，催化氢化或酶反应

反应开始后，反应速度随温度升高而加快；但当温度达到某一值后，温度再升高，反应速度反而下降。原因是高温使酶、催化剂的活性降低或丧失，如图 4-24（c）所示。生产中尽量选择速度最高点左右 5％区域的温度区间作为工艺控制的参数范围。

> **实例解析**

青霉素 G 裂解为 6-APA 的反应，生产中控制反应温度在 38~43℃，如果温度过高，固相酶就会失效，生成物 6-APA 又与侧链缩合变成青霉素 G，反应失败；温度过低，反应不进行或进行不完全。见图 4-26。

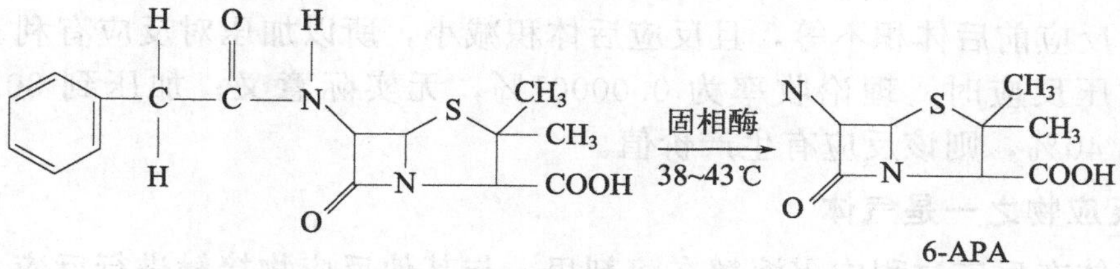

图 4-26　青霉素 G 裂解为 6-APA 的反应

> **知识链接**

6-APA 是半合成青霉素类抗生素的原料，对青霉素类药物的价格和药效影响重大。

4. 第Ⅳ种类型，反常反应

第Ⅳ种类型，反常反应，温度升高，反应速度反而下降，如图 4-24（d）所示。比如硝酸生产中一氧化氮的氧化反应。总体上这种反应在制药生产中比较少见。

5. 可逆反应的温度控制

对于可逆反应，由温度和化学平衡常数的关系式可知：若可逆反应为吸热反应时，温度升高，化学反应速度和化学平衡常数同时增大，也就是升高温度对反应有利。若是放热反应，也需要先加热到一定温度后才能反应。温度升高，化学反应速度增大，但是化学平衡常数减小，反应的转化率反而下降。因此对于一个具体的药物合成反应，应该结合该反应的热效应和反应速度常数等数据加以综合考虑，找出最适宜的反应温度。

综上所述，温度对合成反应的影响是多样的，升高温度经常是生产中加快反应速度、缩短生产周期的有效措施。但同时应注意，温度提高，能耗增大，设备投资费用高，生产成本提高，而且不利于安全生产。因此，生产中选择的最佳反应温度是室温或稍高于室温条件下进行的反应温度。

二、反应压力

常压下进行的化学反应是生产中最常见、最受欢迎的反应。但是，由于反应条件的限制和工艺的要求，有些反应必须在加压条件下进行。

以下几种情况加压对反应有利：

1. 反应物是气体

反应物是气体，反应前后体积不相等，且反应后体积减小。加压使反应向体积减小的方向移动。

工业上生产甲醇的反应：

$$CO + 2H_2 \xrightarrow[20\sim30MPa]{CuO,\ ZnO,\ Cr_2O_3} CH_3OH$$

因为反应前后体积不等，且反应后体积减小，所以加压对反应有利。实际生产中，常压反应时，理论收率为 0.00001%，无实际意义；加压到 30MPa 时，收率达到 40%，则该反应有生产价值。

2. 反应物之一是气体

该气体在反应过程中需溶解在溶剂里，与其他反应物接触进行反应，加压能增加该气体在溶剂中的浓度，使反应物之间接触碰撞机会增多，有利于反应的进行。

> **实例解析**

平喘药异丙肾上腺素合成中的催化氢化反应，在常压下，反应速度较慢，加压使氢气在催化剂表面的浓度提高，加快了反应速度。见图 4-27。

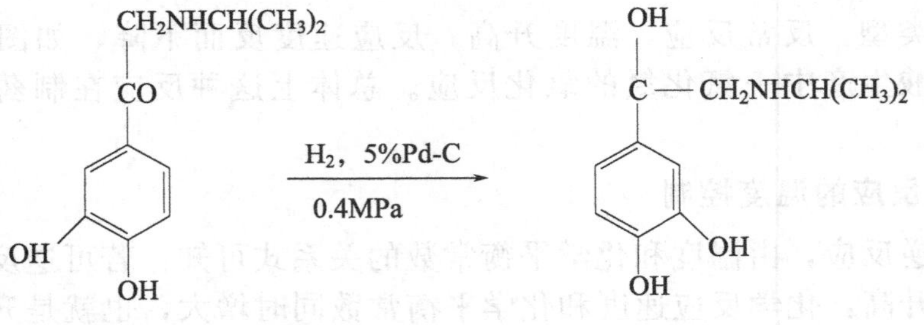

图 4-27　异丙肾上腺素合成中的催化氢化反应

3. 液相反应

反应虽然在液相中进行，但反应温度超过了反应物的沸点，加压提高反应温度，可缩短反应时间。

> **实例解析**

抗菌药磺胺嘧啶合成中的缩合反应，相同温度下，若在常压下进行反应，12

小时完成；若在 2.942MPa 压力下进行反应，2 小时可完成。见图 4-28。

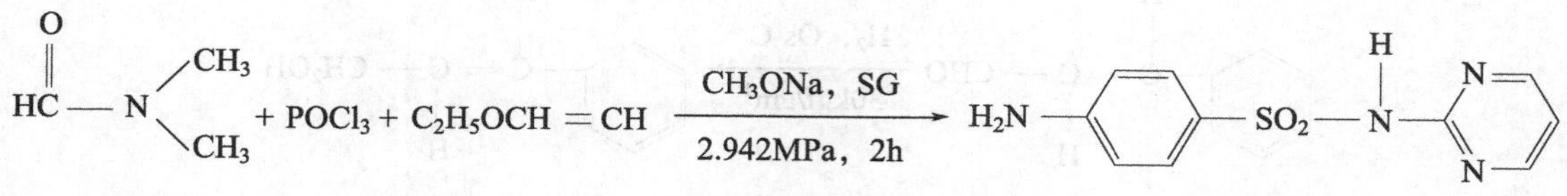

图 4-28　抗菌药磺胺嘧啶合成中的缩合反应

加压反应需要在加压容器内进行，生产中还需考虑容器的材质、安全系数、操作工人的素质和岗位上的防爆措施。

第五节　催化剂

催化剂是一类能改变化学反应速度，提高反应选择性，但不改变化学平衡的物质。

在药物合成中，大约有 80%～85% 的化学反应需要用到催化剂。催化剂可以是金属、金属氧化物、酸、碱、酶等。

一、催化剂的催化作用机理

1. 正催化剂能使反应的活化能降低，加快反应速度

如烯烃双键的加氢反应，当无催化剂时，反应很难进行。当加入催化剂铂（Pt）、钯（Pd）时，室温即可反应。原因是催化剂的存在，使反应的活化能降低。

必须注意，催化剂只能改变反应速度，缩短反应到达平衡的时间，不能改变化学平衡。

2. 催化剂的高度选择性

催化剂的高度选择性主要体现在以下三个方面。

（1）催化剂对化学反应类型的影响　不同类型的化学反应，各有其适宜的催化剂。如催化氢化反应使用的催化剂有 Pt、Pd、Ni 等；催化氧化反应使用的催化剂有 V_2O_5、MnO_2、MoO_3 等。

（2）催化剂对化学反应部位的影响　当反应物中有几个部位均可发生反应时，催化剂能选择性地对某一部位发生反应，而其他部位不受影响。

> **实例解析**

肉桂醛中有两个部位——双键和醛基均可被还原，但选择铑-炭作催化剂时，只有醛基被还原，而双键不受影响。见图 4-29。

（3）催化剂对化学反应产品的影响　同一反应系统，使用的催化剂不同，所得到的产品也不相同。

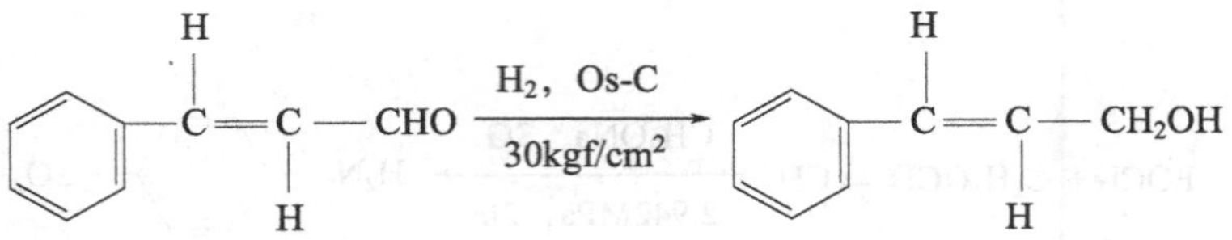

图 4-29　肉桂醛的还原反应

$1kgf/cm^2=98066.5Pa$

实例解析

乙醇在不同催化剂的作用下，得到的产物不同。见图 4-30。

$$C_2H_5OH \xrightarrow[\triangle]{Al_2O_3} H_2C{=}CH_2 + H_2O(\text{工业上})$$

$$C_2H_5OH + O_2 \xrightarrow[\triangle]{Cu} CH_3CHO$$

$$2C_2H_5OH \xrightarrow[\triangle]{\text{浓}H_2SO_4} C_2H_5OC_2H_5 + H_2O(\text{实验室})$$

图 4-30　乙醇在不同催化剂作用下得到的不同产物

3. 催化剂的高效性

催化剂虽然参与反应过程，但在反应终了时，它的化学性质并不改变。因此少量催化剂就能完成大量的化学反应。

二、催化剂的分类

1. 按照其对化学反应速度的影响

催化剂按照其对化学反应速度的影响不同可分为正催化剂、负催化剂和自动催化剂。

（1）正催化剂　某催化剂的加入使反应速度加快，这种催化剂称为正催化剂，发挥的作用称为正催化作用。药物生产过程中使用的催化剂基本是正催化剂。

（2）负催化剂　某催化剂的加入使反应速度减慢，这种催化剂称为负催化剂，所发挥的作用称为负催化作用。

如一些易分解、易氧化的药物。在处理或储存过程中为防止失效，可加入负催化剂以增加稳定性。

（3）自动催化剂　反应中的生成物具有改变反应速度的作用，该生成物称为自动催化剂，所发挥的作用称为自动催化作用。如自由基反应、过氧化反应。

> **课堂互动**

消炎镇痛药布洛芬合成中的付-克酰化反应：

$$\underset{H_3C}{\overset{H_3C}{>}}CH-CH_2-\text{[苯环]} + CH_3COCl \xrightarrow[\text{乙酰化}]{AlCl_3} \underset{H_3C}{\overset{H_3C}{>}}CH-CH_2-\text{[苯环]}-COCH_3 + HCl$$

反应中，$AlCl_3$ 的加入，加快了反应速度，所以 $AlCl_3$ 是_____催化剂。（填写"正"或"负"或"自动"）

> **课堂互动**

抗生素氯霉素合成中的溴代反应：

$$O_2N-\text{[苯环]}-COCH_3 + Br_2 \xrightarrow{PhCl} O_2N-\text{[苯环]}-COCH_2Br + HBr$$

反应中产生的 HBr 能加快反应速度，起到自动催化的作用，所以 HBr 称为_____催化剂。（填写"正"或"负"或"自动"）

2. 按照其相态的不同

催化剂按照其相态的不同分为固体催化剂（非均相）和液体催化剂（均相），工业生产中固体催化剂应用较广。

三、固体催化剂的性质及组成

固体催化剂具有热稳定性好、易分离、易回收利用和可循环套用等特点。

1. 固体催化剂的性质

固体催化剂的性质主要包括以下方面：

（1）催化剂的实用价值　如机械强度、导热性质、热容量、热稳定性等性质。

（2）催化剂活性的特性参数　如催化剂的比表面积、孔度、孔直径、粒子大小等性质。

（3）固体催化剂的基本组成　固体催化剂是以某一化合物为主，并与其他具有不同程度催化活性的物质混合组成，如 Pd-C、Pt-C 等。这样可以增加催化剂的比表面积、加强热稳定性、提高机械强度等。

2. 固体催化剂的活性

固体催化剂的活性是指催化剂的催化能力，用 A 表示。它是评价催化剂好坏的重要指标。

催化能力：指单位时间、单位质量的催化剂在指定条件下所取得的产品的质量。

> **计算实例**

接触法生产硫酸工艺，24 小时生产 1000kg 硫酸需要催化剂 100kg，则催化活性 A 为：

$$A = 1000/(100 \times 24) = 0.42 \text{kg(硫酸)} / [\text{kg(催化剂)} \cdot \text{h}]$$

3. 影响固体催化剂活性的因素

影响固体催化剂活性的因素有以下几点：

（1）温度　温度对催化剂活性的影响较大。温度低时，催化剂的活性小，反应速度慢，随着温度的升高，催化剂活性逐渐增大，反应速度加快。当温度达到最佳反应温度时，温度再高，反应速度减慢。所以，催化剂有其最佳反应温度。

（2）助催化剂　在制备催化剂或进行催化反应过程中，加入少量物质（一般为催化剂用量的 10%），该物质本身的活性很小或无催化作用，但它能显著提高催化剂的活性、稳定性和选择性，该物质称为助催化剂。

（3）毒化剂和抑制剂　在制备催化剂或进行催化反应过程中，会引入少量杂质。若该杂质能使催化剂的活性降低或完全丧失，并难以恢复到原有活性，称为催化剂中毒。若该杂质仅使其活性的某一方面受到抑制，经过适当的活化处理可以再生，称为阻化。使催化剂中毒的物质称为毒化剂，使催化剂阻化的物质称为抑制剂。但毒化剂和抑制剂之间无严格的界限，统称为毒化现象。

常见的毒化剂有：硫、磷、砷、硫化氢、一氧化碳、二氧化碳、噻吩、硫酸钡、喹啉、醋酸铅、碳酸钙等。毒化现象使催化剂活性降低或消失，一方面催化剂活性消失，不利于催化反应的发生，生产中应尽量避免催化剂中毒；另一方面催化剂活性部分消失，其反应的选择性好，生产中可加以利用。

> **实例解析**

催化剂钯被 $BaSO_4$ 中的硫毒化后，活性降低，可还原酰氯使之停留在生成醛的阶段。这里 Pd 是催化剂，$BaSO_4$ 是抑制剂。见图 4-31。

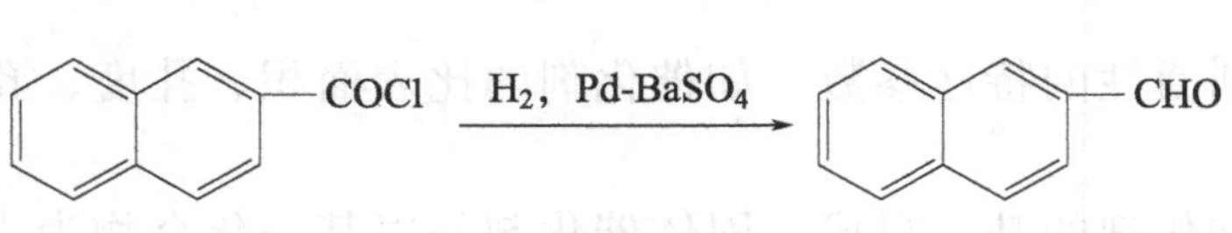

图 4-31　酰氯的加氢催化反应

> **实例解析**

维生素 A 的合成中用到催化剂部分毒化，选择性还原炔键为烯键，而其他烯键不受影响。这里 Pd 是催化剂，$CaCO_3$ 是抑制剂。见图 4-32。

（4）载体　在大多数情况下，把催化剂负载于某种惰性物质上，这种惰性物质称为载体。常用的载体有石棉、活性炭、硅藻土、氧化铝、硅酸等。载体的作

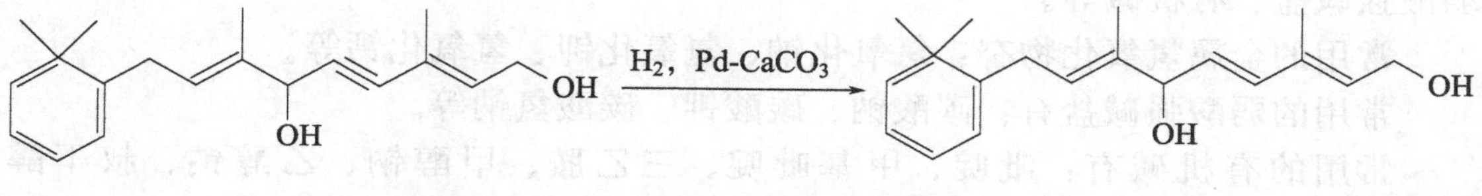

图 4-32　维生素 A 合成中的还原反应

用是使催化剂分散，增大有效面积，提高活性，提高催化剂的机械强度，延长使用寿命。

> **实例解析**

对硝基乙苯侧链乙基上的甲酰化反应，反应中的硬脂酸钴为催化剂，碳酸钙为载体。见图 4-33。

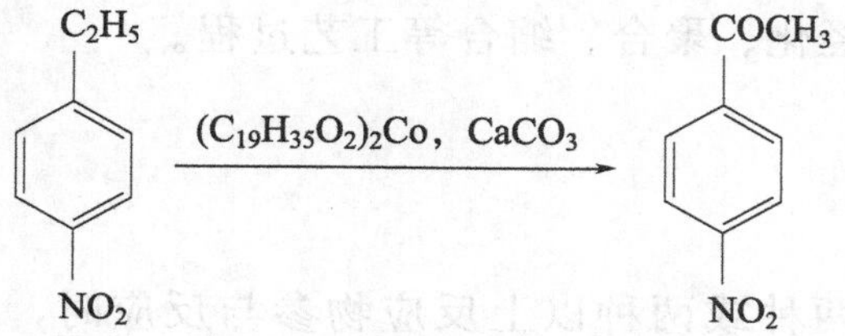

图 4-33　对硝基乙苯侧链乙基上的甲酰化反应

四、液体催化剂——酸、碱催化剂

溶液中进行的均相催化反应一般是酸、碱催化反应。

1. 酸、碱催化反应机理

反应系统中的一个反应物先与催化剂 H^+ 或 OH^- 结合，生成一活性的中间体络合物，活性中间体络合物再与另一反应物作用得到产品，放出催化剂 H^+ 或 OH^-。

2. 酸性催化剂

凡能提供质子或能与未共享电子对结合的物质统称为酸，包括无机酸、有机酸、弱碱强酸盐、路易氏（Lewis）酸。

常用的无机酸有：氢溴酸、氢碘酸、硫酸、磷酸等。

常用的有机酸有：草酸、对甲苯磺酸等。

常用的弱碱强酸盐有：氯化铵、吡啶盐酸盐等。

常用的路易氏（Lewis）酸有：三氯化铝、二氯化锌、三氯化铁等，这类催化剂必须在无水条件下使用。

3. 碱性催化剂

凡具有未共享电子对而能够接受质子的物质统称为碱，包括金属氢氧化物、弱酸强碱盐、有机碱等。

常用的金属氢氧化物有：氢氧化钠、氢氧化钾、氢氧化钙等。

常用的弱酸强碱盐有：碳酸钠、碳酸钾、碳酸氢钠等。

常用的有机碱有：吡啶、甲基吡啶、三乙胺、甲醇钠、乙醇钠、叔丁醇钠等。

此外，在酸碱催化反应中，可采用强酸型阳离子交换树脂或强碱型阴离子交换树脂，反应完成后，容易将树脂从产品中分离除去，后处理方便。

第六节　搅　　拌

以液体为主体与其他液体、固体或气体物料的混合操作称为搅拌。

搅拌操作普遍应用于石油化工、橡胶、农药、染料、医药等工业，用来完成磺化、硝化、氢化、烃化、聚合、缩合等工艺过程。

一、搅拌的作用

当反应系统中有两种或两种以上反应物参与反应时，必须使用搅拌帮助反应。尤其对互不混合的液-液相反应系统、固-液相反应系统、固-固相反应系统、气-液-固三相反应系统，搅拌更为重要。搅拌的作用主要有以下几个方面。

1. 强化传质

搅拌有利于传质的进行，从化学反应动力学角度来看，搅拌可以帮助各种反应物的分子混合均匀，增加分子间接触和碰撞机会，从而加快反应速度。同时，使反应系统内部各部分各种反应物的浓度均匀，避免因局部浓度过高或过低而引起不同位置反应程度的差异。

（1）液-液　使不互溶液体混合均匀，制备均匀混合液或乳浊液。

（2）气-液　增加气体在液体中的溶解度，使气体在液体中充分分散，强化传质或化学反应。

（3）固-液　制备均匀悬浮液，加速固体反应物在液体溶剂中溶解或分散的过程，从而促进活性成分的浸渍或液固化学反应的进行。

2. 强化传热

化学反应都具有热效应，搅拌能强化反应系统中的对流传热过程，更好地控制反应器各部分的温度均匀，将反应温度控制在工艺范围内，从而提高反应速度、缩短反应时间，并能避免因局部温度过高或过低而发生副反应。

二、制药生产中常用的搅拌器

不同的反应系统，如黏稠物的反应系统、有大密度金属物质的反应系统、有气体参与的反应系统、有易燃易爆化学物质的反应系统等，对搅拌器的形式和搅拌速度的要求是不同的。

1. 桨式搅拌器

桨式搅拌器是搅拌器中最简单的一种，其转速较低，一般为 20～80r/min。桨式搅拌器直径取反应釜内径的 1/3～2/3，桨叶不宜过长，因为搅拌器消耗的功率与桨叶直径的五次方成正比。桨式搅拌器适用于流动性大、黏度小的液体物料，也适用于纤维状和结晶状的溶解液，还适用于不需要剧烈搅拌的液-液互溶系统的混合和可溶性固体物质的溶解等。

2. 框式或锚式搅拌器

此类搅拌器的转速一般在 15～60r/min，框式搅拌器直径很大，一般取反应釜内径的 2/3～9/10，框式搅拌器与反应釜壁面的间隙比较小，有利于传热过程的强化。这种搅拌器适用于不需要剧烈搅拌的液-液互不相溶系统和液-固互不相溶系统，但要求液体和固体的密度差不能过大。这种搅拌器在重氮化反应中较为常用。快速旋转时，搅拌器叶片所带动的液体把静止层从反应釜壁上带下来；慢速旋转时，有刮板的搅拌器能产生良好的热传导。这类搅拌器适用于大多数的合成反应过程，有利于传质与传热。

3. 推进式搅拌器

两叶式推进式搅拌器的第一个桨叶安装在反应釜的上部，把液体或气体往下压；第二个桨叶安装在下部，把液体往上推。搅拌时能使物料在反应釜内循环流动，所起作用以容积循环为主，剪切作用较小，上下翻腾效果良好。

三叶式推进式搅拌器，呈螺旋推进器形式。一般转速在 300～600r/min，最高可达 1000r/min。适用于需要剧烈搅拌的液-液互不相溶系统，造成乳浊状态和使少量固体呈悬浮状态的系统。这种搅拌器在黏度大的反应体系中较为常用。

4. 涡轮式搅拌器

涡轮式搅拌器形式很多，最常见的为圆盘式。桨叶又分为平直叶和弯曲叶两种。涡轮搅拌器转速较大，一般为 200～1000r/min。适用于黏度相差较大的液-液互不相溶系统；含有较高浓度固体微粒的悬浮液；密度相差较大的液-液互不相溶系统；气体需要在液体中充分分散等反应系统。这种搅拌器一般在抗生素发酵中使用。

搅拌在药物生产中非常重要，正确选择搅拌器的形式和速度，不仅能使反应顺利进行、提高收率，而且还能做到安全生产，避免生产事故的发生。如催化氢化反应，是由气体氢气、密度较大的固体催化剂和反应液共同参与的多相反应系统。氢化反应又是放热反应，所以搅拌是非常重要的。生产中一般选择涡轮式搅拌器。又如铁粉还原工序，铁粉密度大，沉积在反应器底部，为使铁粉与反应液充分接触，进行反应，生产中选择框式搅拌器。

第七节 反应时间与终点的控制

一、反应时间

每一化学反应都有其最佳反应时间，当反应条件确定后，反应时间是固定的。反应时间短，反应进行不完全，转化率不高，影响产品的收率和质量。反应时间过长，产品分解，副反应增多，影响产品的质量，有时使收率下降。生产中，达到反应时间，必须终止反应，进行后处理，使生成物立即从反应系统中分离出来；否则，会使产品分解、破坏，副产物增多或发生其他复杂变化，产品质量下降。

二、反应终点的控制方法

反应时间的长短取决于反应是否到达终点，最佳反应时间是通过对反应终点的控制摸索得到的。控制反应终点主要是控制主反应的完成情况，测定反应系统中是否尚有未反应的原料（或试剂）存在；或其残存量是否达到规定的质量控制范围。在工艺研究中常用仪器分析方法，如薄层色谱、气相色谱和高效液相色谱等方法来监测反应。在实际制药生产中，测定方法一般根据化学反应现象、反应变化情况以及反应产物的物理性质（如相对密度、溶解度、结晶形态和色泽等）来判定反应终点，并以此为依据选择简易快速的化学或物理方法。

(1) 化学方法有显色、沉淀、酸碱度、纸色谱等。

(2) 物理方法有溶解度、压强（压差）、相对密度、折光率、结晶形态等。

◁ 实例解析

降血脂药氯贝特中间体制备中的重氮化反应如下：

反应终点的控制使用淀粉-碘化钾试纸测定，若反应液使试纸变蓝，表明反应液中有单质碘，单质碘的存在说明反应系统中有稍过量的 HNO_2，HNO_2 的存在证明反应物对氨基苯酚已反应完毕，反应式如下：

$$2KI + 2HCl + 2HNO_2 \longrightarrow I_2 + 2NO + 2KCl + 2H_2O$$

◁ 实例解析

由水杨酸制备乙酰水杨酸（阿司匹林）的乙酰化反应、由氯乙酸钠制造氯乙酸钠的氰化反应，都是利用快速的化学测定法来确定反应终点。前者测定的反应系统中原料水杨酸的含量降到0.02%以下方可停止反应，后者测定的反应液中氰离子（CN^-）含量在0.04%以下方为反应终点。见图4-34。

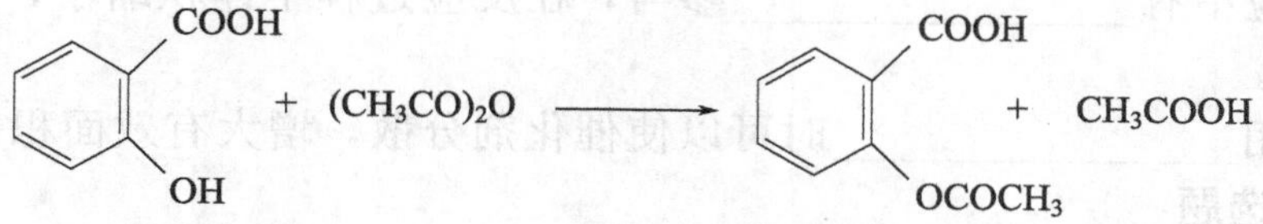

水杨酸　　　醋酐　　　乙酰水杨酸（阿司匹林）

图4-34　水杨酸制备乙酰水杨酸的乙酰化反应

实例解析

在氯霉素合成中，成盐反应终点是根据对硝基溴代苯乙酮与成盐物在不同溶剂中的溶解度来判定的。在其缩合反应中，由于反应原料乙酰化物和缩合产物的结晶形态不同，可通过观察反应液中结晶的形态来确定反应终点。

实例解析

催化氢化反应，一般是以吸氢量控制反应终点，当氢气压强不再下降或下降速度很慢时，表明反应已达终点。通入氯气的氯化反应，常以反应液的相对密度变化来控制其反应终点。

反应时间和反应终点的控制不仅影响产品的质量和收率，而且还影响生产进程、设备利用率、劳动生产率等，所以应科学地确定反应时间，提高劳动生产率，降低生产成本。

习　题

一、填空题

1. 在生产上将所需要的反应称为________。

2. 从工艺角度上看________反应物浓度，有助于提高设备使用能力，减少溶剂使用量等。

3. 可逆反应的特点是正反应速度随时间逐渐________，逆反应速度随时间逐渐________，直到两个反应速度相等。

4. 当产物的生成量取决于反应液中某反应物的浓度时，则应增加其________。

5. 当反应在极性溶剂中进行时，有利于________式异构体的生成。

6. 极性溶剂可以促进________型反应。

7. 重结晶的目的是精制或提纯药物，以除去原辅材料和________带来的杂质。

8. 重结晶溶剂的选择经验规则是________。

9. 当反应在非极性溶剂中进行时，有利于_____式异构体的生成。

10. 在一般反应中，_____升高，反应速度加快。

11. 反应中有_____参与，在反应过程中体积缩小，加压有利于反应的完成。

12. 使用_____时可以使催化剂分散，增大有效面积。

二、单选题

1. 气相反应如果反应结果体积增大，则对反应有利的条件是（　　）。
   A. 减压　　　　　　B. 加压　　　　　　C. 常压　　　　　　D. 降温

2. 下列反应类型中属于简单反应的是（　　）。
   A. 一级反应　　　　B. 可逆反应　　　　C. 平行反应　　　　D. 连续反应

3. 下列反应类型中属于复杂反应的是（　　）。
   A. 一级反应　　　　B. 二级反应　　　　C. 平行反应　　　　D. 零级反应

4. 常用的碱性催化剂中，碱性最强的是（　　）。
   A. 吡啶　　　　　　B. 氢氧化钠　　　　C. 乙醇钠　　　　　D. 叔丁醇钾

5. 不正确的加料次序会导致（　　）。
   A. 副反应增加　　　B. 产品纯度提高　　C. 反应速度加快　　D. 收率提高

6. 终点控制方法不包括（　　）。
   A. 显色法　　　　　B. 沉淀法　　　　　C. 比重法　　　　　D. 计算收率法

7. 范特霍夫规则说明反应温度升高10℃，反应速度大约增加（　　）。
   A. 3～5倍　　　　　B. 7～9倍　　　　　C. 2～4倍　　　　　D. 5～7倍

8. 催化氢化反应的终点控制方法是（　　）。
   A. 压强控制方法　　B. 沉淀法　　　　　C. 比重法　　　　　D. 显色法

9. 反应 $2CO+O_2(g)\longrightarrow 2CO_2(g)$，为了提高收率，可适当（　　）。
   A. 提高反应温度　　B. 加入催化剂　　　C. 减压　　　　　　D. 加压

10. 重氮化反应的终点控制方法是（　　）。
    A. pH试纸法　　　　B. 淀粉-碘化钾试纸
    C. 酸碱滴定法　　　D. 氧化还原法

11. 使用溶剂时，游离基型反应一般选择（　　）。
    A. 极性溶剂　　　　B. 非极性溶剂　　　C. 质子性溶剂　　　D. 非质子性溶剂

12. 下列选项中，溶剂选择正确的是（　　）。
    A. 游离基型反应选择极性溶剂　　　　B. 离子型反应选择非极性溶剂
    C. 溶剂的沸点应高于反应温度　　　　D. 溶剂不影响产品的构型

13. 温度对加氢或酶催化反应催化剂活性的影响是（　　）。
    A. 温度升高，活性增大　　　　　　　B. 温度升高，活性降低
    C. 温度降低，活性增大
    D. 一开始温度升高活性增大，但当温度达到某一值后，温度再升高，活性反而降低

14.（　　）是衡量不同合成路线效率的最直接方法。

A. 反应物　　　　　B. 反应步骤数量

C. 生成物　　　　　D. 计算反应总收率

15. 为防止（　　）副反应的发生，有些反应物的配料比宜小于理论量，使反应进行到一定程度后停止。

A. 连续　　　　B. 复杂　　　　　C. 可逆　　　　D. 平行

16. 反应速度与温度之间呈指数关系，其反应速度随温度的升高而逐渐加快，这类反应属于（　　）。

A. 一般反应　　　B. 爆炸反应　　　C. 催化加氢反应　D. 反常反应

17. 在温度不高的条件下反应速度随温度升高而加速，但达到某一温度后，再升高温度，反应速度反而下降，这类反应属于（　　）。

A. 一般反应　　　　B. 爆炸反应　　　C. 催化加氢反应　D. 反常反应

18. 在液相反应中，当温度已超过反应物或溶剂的沸点时，可以增加（　　），提高反应温度，缩短反应时间。

A. 温度　　　　B. 压力　　　　　C. 固体催化剂　　D. 均相催化剂

19. 能显著提高催化剂活性、稳定性和选择性的是（　　）。

A. 温度　　　　B. 助催化剂　　　C. 载体　　　D. 催化毒物

三、多选题

1. 重结晶溶剂的选择应考虑（　　）。

A. 适当的理想溶剂　　　　　　B. 结晶状态和大小

C. 形成溶剂化合物的问题　　　D. 原辅材料　　　E. 溶解度

2. 下列哪些可作为相转移催化反应中的溶剂？（　　）

A. 氯仿　　　　B. 二氯甲烷　　　C. 苯

D. 乙腈　　　　E. 水

3. 影响催化剂活性的因素有（　　）。

A. 温度　　　　B. 助催化剂　　　C. 载体

D. 催化毒物　　E. 压力

4. 大规模生产选择合适的溶剂时，应考虑的溶剂物理性质有（　　）。

A. 沸点　　　　B. 燃点　　　　　C. 闪点

D. 蒸气压　　　E. 密度

5. 乙醚大量使用会有危险，因为其（　　）太低。

A. 沸点　　　　B. 燃点　　　　　C. 闪点

D. 蒸气压　　　E. 密度

6. 有利于固体催化剂活性和作用的物理性质有（　　）。

A. 比表面积　　B. 孔度　　　　　C. 孔直径　　　　D. 粒子大小

7. 催化剂的催化作用包括（　　）。

A. 加快反应速度　B. 降低反应速度　C. 自动催化作用　D. 打破化学平衡

8. 酸性催化剂包括（　　）。

A. 无机酸   B. 有机酸   C. 路易氏酸   D. 强碱弱酸盐

9. 碱性催化剂包括（   ）。

A. 无机碱   B. 有机碱   C. 席夫碱   D. 强酸弱碱盐

10. 下列属于非质子性溶剂的是（   ）。

A. 醇   B. 醚   C. 苯   D. 吡啶

11. 下列哪些反应属于简单反应？（   ）

A. 可逆反应   B. 一级反应   C. 平行反应   D. 零级反应

12. 下列哪些是可逆反应的特点？（   ）

A. 正反应速度随时间逐渐减少   B. 逆反应速度随时间逐渐增大

C. 平衡时，反应物的浓度不再变化   D. 除去生成物不能破坏平衡

13. 下列哪些因素影响催化剂的活性？（   ）

A. 浓度   B. 促进剂   C. 毒化剂   D. 压强

14. 选择配料比时，下列选择正确的是（   ）。

A. 可逆反应增加反应物之一的浓度（增加配料比）

B. 如反应物之一不稳定，增加其用量

C. 为防止连续反应发生，有些反应物的配料比大于理论量

D. 当主副反应不尽相同时，利用差异增加反应物用量

15. 下列哪些因素不是化学反应的内因？（   ）

A. 温度   B. 键的性质   C. 压强   D. pH 值

16. 下列哪些因素是化学反应的内因？（   ）

A. 反应物的分子结构   B. 键的性质

C. 空间结构   D. 官能团的性质

E. 原子和官能团之间的相互影响   F. 反应物的理化性质

17. 下列哪些因素是化学反应的外因？（   ）

A. 反应物的配料比   B. 反应物的浓度和纯度

C. 加料次序   D. 反应温度和压力

E. 溶剂   F. 催化剂

G. pH   H. 反应终点及控制

18. 对催化剂的描述，不正确的是（   ）。

A. 只加速反应   B. 加快平衡   C. 降低反应温度   D. 改变反应速度

19. 下面哪些是搅拌的作用？（   ）

A. 强化传质   B. 强化传热   C. 加快反应速度   D. 增加副反应

20. 配料比包括（   ）。

A. 重量比   B. 摩尔比   C. 分子比   D. 质量比

四、判断题

1. （   ）对于可逆反应，应增加某一反应物的配料比。

2. （   ）热效应小的反应，加料次序对反应的影响大。

3. （   ）当反应物兼作溶剂时应增加其用量。

4.（　　）质子性溶剂一定是极性溶剂，非质子性溶剂一定是非极性溶剂。

5.（　　）多相反应必须使用高效搅拌器。

6.（　　）催化剂是加快化学反应速度的物质。

7.（　　）酶催化反应中，温度越高，反应速度越快。

8.（　　）游离基型反应一般选择极性溶剂。

9.（　　）单分子反应不需计算配料比，双分子反应需要计算配料比。

10.（　　）化学反应时间越长，反应越完全，收率越高。

11.（　　）催化氢化反应的终点控制方法是观察压强。

12.（　　）催化剂都能使反应速度加快。

13.（　　）搅拌可以加速传热和传质。

14.（　　）催化剂只能改变反应速度，不能改变化学平衡。

15.（　　）药物化学合成过程的影响因素有内因和外因。

16.（　　）化学反应的外因即反应条件，也就是各种化学反应单元在实际生产中的一些共同规律。

17.（　　）药物生产中化学反应的特点是反应速度比较慢，副反应多，收率低。

18.（　　）制药工艺研究的重点是如何控制反应向主反应方向进行，减少副反应的发生。

19.（　　）制药工艺研究的重点是以最短的生产周期和最少的原料消耗获得最多的优质产品。

五、名词解释

1. 反应物的配料比

2. 溶剂效应

3. 催化剂

4. 可逆反应

5. 平行反应

六、简答题

1. 简述不同的复杂反应类型及对配料比的要求。

2. 简述溶剂的种类，并举例说明。

3. 重结晶溶剂要满足什么条件？

4. 溶剂对药物反应有哪些影响？

5. 温度对反应速度的影响有几种？

6. 加压对什么类型的反应有效？

7. 催化剂的定义及分类是什么？

8. 常用的终点控制方法有哪些？

9. 为什么要控制反应时间和终点？

七、实例解析题

氯萘在铜和氧化亚铜催化条件下，碱性水解制备 α-萘酚的反应为：

其实验数据见表 4-3 和表 4-4，请在综合考虑原辅料的沸点、闪点、高温条件下设备承压要求及加热条件等因素的前提下，根据实验结果分析其反应温度的控制原则。

表 4-3　氯萘水解的实验结果——反应时间与转化率的关系

反应时间/min	5.0	10	20	32	44	46	70	100
转化率/%	23.3	33.9	67.5	83.5	85.0	93.1	95.2	96.0

表 4-4　氯萘水解的实验结果——速率常数与温度的关系

项目	温度/℃				
	257	265	285	285	290
反应时间/min	30	30	17	8	13
转化率/%	27.5	42.5	80.8	58.0	82.0
速率常数/×10³	4.85	8.72	54.6	54.0	96.0

第五章

中试放大

知识目标

1. 熟悉并掌握中试放大的基本方法；
2. 了解生产工艺规程的基本要求；
3. 掌握中试放大的作用和研究内容。

技能目标

1. 能够熟练说出中试放大的基本要求；
2. 能够简要叙述制定制药工艺流程的基本程序。

思政素质目标

树立"安全性、有效性和质量可控性"药品生产理念；强化"技术先进、安全适用、经济合理、绿色环保"的工程理念，建立工业化大规模生产的概念。

第一节 中试放大的基本方法

药物生产工艺路线一般要经过实验室小试阶段和中试放大阶段的研究，最终为工业化生产工艺提供确切的科学依据。中试放大作为实验室研究和工业化生产阶段的桥梁，在新药创制和医药工业化生产中具有重要意义。本章将就中试放大相关知识进行讲述。

一、中试放大的概念

中试放大（pilot magnification）是指药物生产工艺在实验室小规模试制成功后，经过一个比实验室规模放大 50～100 倍的中间过程来模拟工业化生产条件，从而验证在工业生产条件下工艺的可行性，保证研发和生产时工艺的一致性。

在制剂工程中，可以结合药物的制剂规格、剂型及临床使用情况确定中试放大规模，一般每批号原料的量应达到制剂规格量的 1 万倍以上。

二、中试放大的作用

中试放大在制药工业中的作用主要体现在以下两个方面：

① 在新药研制和仿制品开发中，可以通过中试放大积累足够的千克级样品用于后续新药临床研究。

② 中试放大还可以为药品工业生产过程计算消耗定额和成本，为工艺路线的设计、生产流程的确定、设备和材质选型以及制药车间设计提供必要的技术参数。

通过中试放大，可以确定生产工艺流程。在此基础上结合物料衡算可以进行设备选型，最后过渡到工业化生产。

◀ 知识链接

物料平衡（material balance）也称为物料衡算，是指产品理论产量与实际产量或物料的理论用量与实际用量之间的比较。通过物料平衡计算，得到进入与离开某一过程或某反应器的各种物料的数量、组分，包括产品的质量、原辅材料消耗量、副产物量、"三废"排放量，以及水、电、蒸汽消耗量等。这些指标与操作参数有密切关系，也是制药工艺优化程度、操作技艺和管理水平的综合反映。因此，物料平衡是制药生产（及设计）的基本依据，是衡量制药生产经济效益的基础，对改进生产和指导设计具有重大意义。

药物的生产过程，无论是化学药物还是生物技术药物，都是在反应器（re-actor）内实现的。为此可根据发生反应的类型，将反应器分为化学反应器（或反应罐）和生物反应器（bio-reactor）。而传统意义上，进行微生物培养的反应器也称为发酵罐（fermentor）。生物反应器与化学反应器的不同之处在于，化学反应器从原料进入到产物生成常常需要加压和加热，是一个高能耗过程；而生物反应器则在酶和生物细胞的参与下，在常温和常压下，通过细胞的生长和代谢进行相应的合成反应。在医药工业中，常见的反应器类型包括釜式反应器、管式反应器、塔式反应器、固定床式反应器、流化床式反应器。不同的反应器适用范围不同，生产设备选型时需要根据生产工艺过程并结合物料平衡进行确定。

药物研发初期主要在实验室中进行，其制备样品的规模一般从几克到几百克，但达到千克级时实验室装置已达到极限。如果将实验室小试工艺的最佳条件直接用于工业生产，常会出现收率降低和产品质量不合格等问题，严重时甚至发生溢料或爆炸等安全事故。这是由于实验室的条件和装置与工业化生产之间存在很大差别。这些差别不仅体现在厂房、设备、管道和仪器等硬件设施上，还表现在操作规程、生产周期和员工培训等软件环境上。通过中试放大研究，能够发现小试工艺在产业化过程中存在的问题，从而降低生产阶段的风险。

三、中试放大的研究方法

常用的中试放大方法主要有经验放大法、相似放大法和数学模拟放大法。

1. 经验放大法

经验放大法（experience amplification method）是基于经验，通过逐级放大来摸索反应器的特征，实现从实验室装置到中间装置、中型装置和大型装置的过渡。

经验放大法认为虽然反应规模不同，但单位时间、单位体积反应器所生产的产品量（或处理的原料量）是相同的。通过物料平衡，求出完成规定生产任务所需处理的原料量后，得到空时得率的经验数据，即可求得放大反应所需反应器的容积。

采用经验放大法的前提条件是放大的反应装置必须与提供经验数据的装置保持完全相同的操作条件。经验放大法适用于反应器的搅拌形式、结构等反应条件相似的情况，而且放大倍数不宜过大。如果希望通过改变反应条件或反应器的结构来改进反应器的设计，或进一步寻求反应器的最优化设计与操作方案，经验放大法是无能为力的。

由于化学合成药物生产中化学反应复杂，原料与中间体种类繁多，化学动力学方面的研究往往又不够充分，因此难以从理论上精确地对反应器进行计算。尽管经验放大法有上述缺点，但是利用经验放大法能简便地估算出所需要的反应器容积，在化学合成药物以及生物技术药物、中药制剂等的中试放大研究中主要采用经验放大法。

2. 相似放大法

以模型设备的某些参数按比例放大，即按相似准数相等的原则进行放大的方法称为相似放大法（similar amplification method）。

相似放大法主要是应用相似理论进行放大，一般只适用于物理过程的放大，而不宜用于化学反应过程的放大。在化学制药反应器中，化学反应与流体流动、传热及传质过程交织在一起，要同时保持几何相似、流体力学相似、传热相似、传质相似和反应相似是不可能的。一般情况下，既要考虑反应的速度，又要考虑传递的速度，因此采用局部相似的放大法不能解决问题。相似放大法只在某些特殊情况下才有可能应用，例如反应器中的搅拌器与传热装置等的放大。

3. 数学模拟放大法

数学模拟放大法（mathematical simulation method）又称为计算机控制下的工艺学研究，是利用数学模型来预测大设备的行为，实现工程放大的放大法，它是今后中试放大技术的发展方向。

数学模拟放大法的基础是建立数学模型。数学模型是描述工业反应器中各参数之间关系的数学表达式。由于制药反应过程涉及复杂的化学变化或生物次级代谢过程，因此影响因素错综复杂。若用数学形式来完整、定量地描述过程的全部真实情况显然不现实，因此首先要对过程进行合理的简化，提出合理的模型，以此模拟实际的反应过程，并对此简化模型再一步进行数学描述，得到数学模型后，可通过计算机研究各参数的变化对过程的影响。数学模拟放大法以过程参数间的定量关系为基础，不仅避免了相似放大法中的盲目性与矛盾，而且能够较有把握地进行高倍数放大，缩短放大周期。

采用数学模拟放大法进行工程放大，能否精确地预测大设备的行为，主要取决于数学模型的可靠性。因为简化后的模型与实际过程有不同程度的差别，所以要将模型计算的结果与中试放大或生产设备的数据进行比较，再对模型进行修正，从而提高数学模型的可靠性。

需要指出的是，中试放大除了前面提到的经验放大法、相似放大法和数学模拟放大法外，近年来制药工业领域还应用微型中间装置替代大型中间装置，以便为工业化装置提供设计数据，其优点是费用低、建设快。在一般情况下，可不必做全工艺流程的中试放大，而只做流程中某一关键环节的中试放大，从而加快了中试放大的速度。

中试放大还可以在企业或研究所的多功能车间中进行。这种多功能车间配有各种规格的中、小型反应罐和后处理设备，对制药工业中常见的反应有很强的适应性。例如，这些反应罐一般均配备搅拌器，可通过管道接通蒸汽、冷却水或冷冻盐水实现加热和降温操作。另外，某些反应罐还配有蒸馏装置，可以实现回流、分馏及减压分馏等单元操作。在后处理操作上，可通过配备的中、小型离心机实现过滤分离，可应用小型分馏装置实现有机溶剂回收。

除了常用的反应装置外，多功能车间一般还配有适应高压反应和氢化反应的特殊装置。多功能车间适应性强，不需要按生产流程来布置生产设备，而是根据工艺过程的需要来选用反应设备。因此，这种车间不仅可用于中试放大和新药样品制备，还适于企业进行多品种的小批量生产，在制药企业中有着广泛地应用。

四、中试放大的基本条件

生产中，当实验室阶段具备下列条件时可以进行中试放大。

1. 实验室小试要求

小试收率稳定，质量合格。

2. 工艺条件的要求

工艺条件已经确定，产品、中间体和原料的分析方法已经制定。

3. 材料

设备、管道材料已进行了耐腐蚀试验，确定了所需的设备。

4. 物料衡算

进行物料衡算，"三废"问题已有了初步的处理方法。

5. 原料的要求

所需原料的规格和单耗数量基本确定。

6. 安全生产

安全生产的基本要求已经确定。

中试放大在多功能车间进行，多功能车间拥有各种规格配套齐全的中、小型反应罐和处理设备，此外还配备了一些通用设备，包括高压反应、加氢反应、硝化反应、烃化反应、格氏反应的设备及有机溶剂的回收装置、分离混合液体的精馏装置等。这种多功能车间可以进行中试放大，也可以进行小批量药品的生产。

第二节　中试放大的研究内容

一、生产工艺路线和操作方法的复审

通常生产工艺路线和相关操作方法在实验室阶段已基本明确。中试放大阶段需要从工艺条件、设备、原材料和环保等方面考察是否适合工业生产。一般要求中试放大阶段中每一步反应所涉及的具体步骤和单元操作应取得基本稳定的数据。若小试工艺路线或某步反应在中试放大阶段出现难以克服的重大问题时，就需要重新考虑替代方案，修改后的工艺过程应再次经过中试放大进行验证。

> **实例解析**

在抗菌药西司他丁的中试过程中，按文献方法合成化合物，在纯化产品时采用硝基甲烷重结晶，尽管多次重结晶但其光学纯度始终达不到要求。经中试探索，发现在−15℃左右将产物溶于乙酸乙酯中，滴加石油醚使其析出，所得产品光学纯度符合要求。见图5-1。

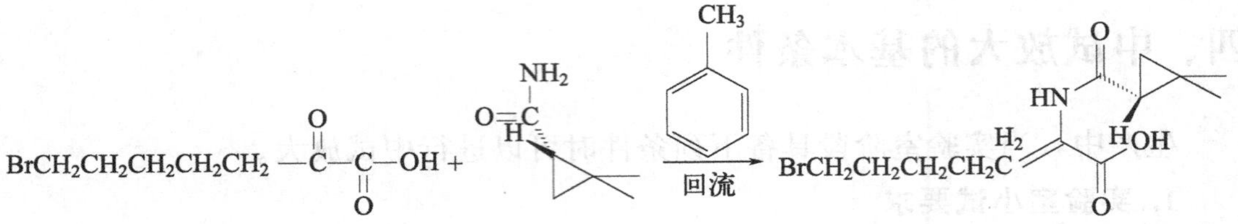

图 5-1　西司他丁的合成反应

中试研究时，还应注意各步单元反应所用的溶剂是否需要调整。文献报道和小试工艺所用的反应溶剂通常仅从实验室制备角度出发，未考虑制药工业生产时国家法律法规的要求。中试研究时应尽量用第三类溶剂或毒性较低的第二类溶剂替代毒性较大的第一类溶剂，应探索溶剂改变对反应进程、反应速度和收率的影响。另外，由于已有国家标准的原料药一般都直接申报生产，没有临床完善的时间，因而如果原工艺中有第一类溶剂，应在中试生产的初期尽量研究革除。

二、设备材质与形式的选择

中试规模或工业生产的反应装置不同于实验室制备样品所用的装置，其多为铝、铸铁或不锈钢等材料。

1. 反应设备材质的考察

实验室制备样品一般多采用玻璃仪器，可耐酸碱，抗骤冷骤热，传热冷却也相对容易。而中试规模或工业生产的反应装置一般采用铝、铸铁、不锈钢或搪玻璃等材质。

一些腐蚀性原辅料和溶剂对设备的材质有特殊的要求。为避免物料对设备的腐蚀，可通过腐蚀试验，解决设备材质问题。另外，某些设备的材质对合成反应有极大的影响，有时可导致反应失败。

实例解析

对硝基甲苯在冰醋酸条件下进行的氧化反应见图 5-2。

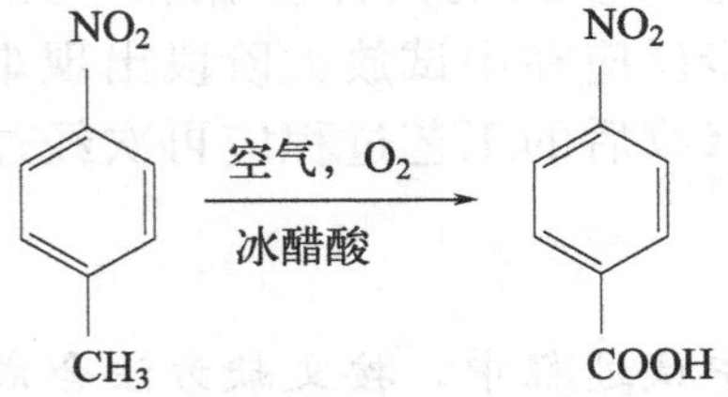

图 5-2　对硝基甲苯在冰醋酸条件下进行的氧化反应

此反应必须在玻璃或钛质容器中进行，如有不锈钢存在，反应失败。

铸铁和不锈钢反应设备耐酸能力差，反应液的酸浓度超过限度时可能会产生金属离子，因而需研究金属离子对反应的干扰。铝质容器除不耐酸外，还能与碱金属溶液发生反应。因此，当反应体系中存在强酸介质时，一般不能选用铝、铸铁和不锈钢材质的反应罐。

搪玻璃设备是将含硅量高的瓷釉涂在金属表面，950℃高温烧制而成，具有类似玻璃的稳定性和金属强度的双重优点。搪玻璃设备对于各种浓度的无机酸、有机酸、弱碱和有机溶剂均具有极强的抗腐蚀性。但对于强碱、氢氟酸及含氟离子的反应体系不适用。另外，搪玻璃反应器热量传导较慢且不耐骤冷骤热，因此加热和冷却时应当通过程序升温或程序降温，以避免反应设备的损坏。这些变化都会对工业生产中的反应时间、反应温度等质控参数产生影响，应研究后重新确定反应条件，并研究这些变化对反应产物收率、纯度的影响。

除了强腐蚀性物质外，某些条件下溶剂种类不同或含水量不同，也可能对金属材质的反应设备产生影响。

实例解析

含水量在1％以下的二甲基亚砜（DMSO）对钢板的腐蚀作用极微，当含水量达5％时，则对钢板有强的腐蚀作用。经中试放大，发现含水5％的DMSO对铝的腐蚀作用极微弱，故可用铝板制作其容器。

2. 反应规模和反应工艺对设备的要求

常用的制药反应设备根据反应设备形式可分为釜式反应器、管式反应器和塔式反应器等。即使是常用的釜式反应器，具体装置的形式也要考虑反应规模和反应的工艺条件。

实例解析

制药工业生产中常见的硝化反应，如果生产规模小，可采用间歇釜式反应器；若生产规模大，应采用连续式反应器。从反应工艺考虑，所用硝化剂和反应溶剂不同也将导致反应设备的材质和形式有较大差异。通常制药工业中的硝化反应，常用混酸硝化法，所用溶剂为浓硫酸。浓硫酸在常温下能使铸铁钝化，因此混酸硝化工艺可使用铸铁材质的反应装置。

3. 反应的传质与传热问题的考察

实验室制备样品时反应体积较小，所用玻璃装置热传导也容易，因此借助普通电磁搅拌器或电动搅拌器即可实现反应体系的均质，反应的传热、传质问题表现得并不明显。而中试研究时由于反应体积成百倍地增加，简单搅拌已不能保证反应器不同位置的物料浓度具有一致性。另外随着反应容器增大、搅拌不均匀，反应器不同位置所产生或吸收的热量也不均衡，从而导致反应器内不同部位的反应温度存在差异，从而影响了反应的时间和产品质量。

反应的传质与传热问题在很大程度上与反应器的搅拌有关，因此中试阶段很重要的研究内容就是重点考察搅拌速度和搅拌器类型对反应进程、产品纯度的影响。同时考察反应的传热问题，可以通过引入相关的辅助设备进行解决。

4. 搅拌器形式与搅拌速度的考察

反应釜的搅拌类型一般包括锚式搅拌、框式搅拌和桨式搅拌等多种类型，具体形式在第三节中进行介绍。在中试放大中，必须根据物料性质和反应特点来研究搅拌器的形式，考察搅拌速度对反应的影响规律，特别是在固-液非均相反应时，要选择合乎反应要求的搅拌器形式和适宜的搅拌速度，有时搅拌速度过快亦不一定合适。

◁ **实例解析**

小檗碱（berberine）的中间体胡椒环是通过儿茶酚与二氯甲烷和固体烧碱在含有少量水分的 DMSO 存在下反应制得的。中试放大时，起初采用 180r/min 的搅拌速度，反应过于激烈而发生溢料。经考察，将搅拌速度降至 56r/min，并控制反应温度在 90～100℃（实验室反应温度为 105℃），结果胡椒环的收率超过实验室水平，达到 90％以上。见图 5-3。

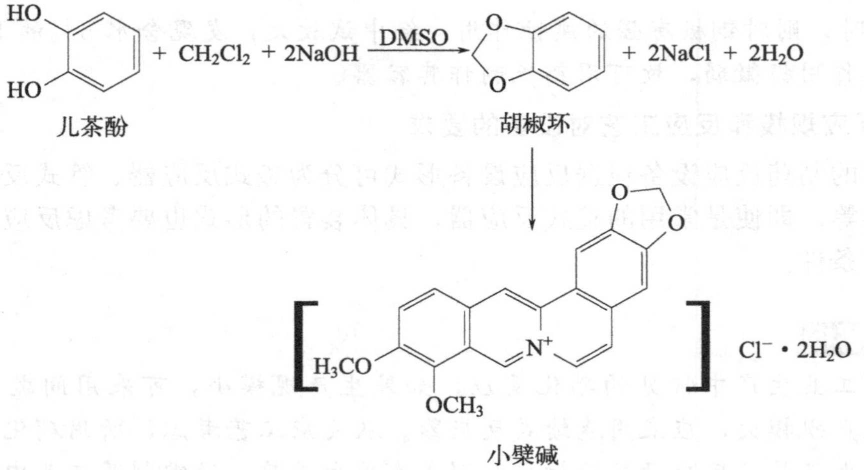

图 5-3   以儿茶酚为原料生成小檗碱的反应

三、反应的热传导问题

实验室规模时热量的传导很容易实现，普通的油浴、水浴和冰浴即可实现物料的加热和冷却。中试放大时，随着反应容器的增大，需要提供加热和制冷设备，且相关设备的功率和效率应满足反应要求。以常用的釜式反应器为例，反应釜通常根据反应工艺要求，配备换热装置以解决热传导问题。常见的换热装置包括夹套、蛇管（盘管）和回流冷凝器 3 种。

常用的夹套式换热器可用于反应过程的加热和冷却，配合搅拌使反应釜内受热均匀。加热时可通入蒸汽或其他无相变的加热剂；冷却时可通入冷却水或冰盐水。由于传热面受到限制，为提高传热系数且保证反应釜内受热均匀，可在安装搅拌器的基础上进一步在釜内安装蛇管。

在中试放大过程中，应结合反应的工艺条件，对反应热传导问题进行考察，以获得反应的最佳参数。特别是对于在不同阶段热效应不同的反应，尤其应当注意。

◁ 实例解析 ▷

混酸硝化反应属于放热反应，温度过高将导致副反应发生，产生二硝基物、多硝基物等副产物，因此需要有良好的冷却以保持适宜的反应温度。通常其反应装置不仅需要外面的夹套冷却，还要在釜内安装冷却蛇管。

◁ 实例解析 ▷

磺胺异甲噁唑的生产工艺中，需用乙酰苯胺和氯磺酸制备对乙酰氨基苯磺酰氯。该反应可分为两步反应进行，第一步反应生成对乙酰氨基苯磺酸，为快反应，反应放热，需要冷却降温使反应温度不超过 50℃；第二步反应为吸热反应，需要适当加热以维持反应体系温度在 50℃ 左右。经过中试试验，确定工业生产时首先将氯磺酸冷却至 15℃ 以下，再缓慢加入乙酰苯胺，以保证最初阶段反应温度不会过高。加料完毕后再保温 50～60℃ 反应 2h。见图 5-4。

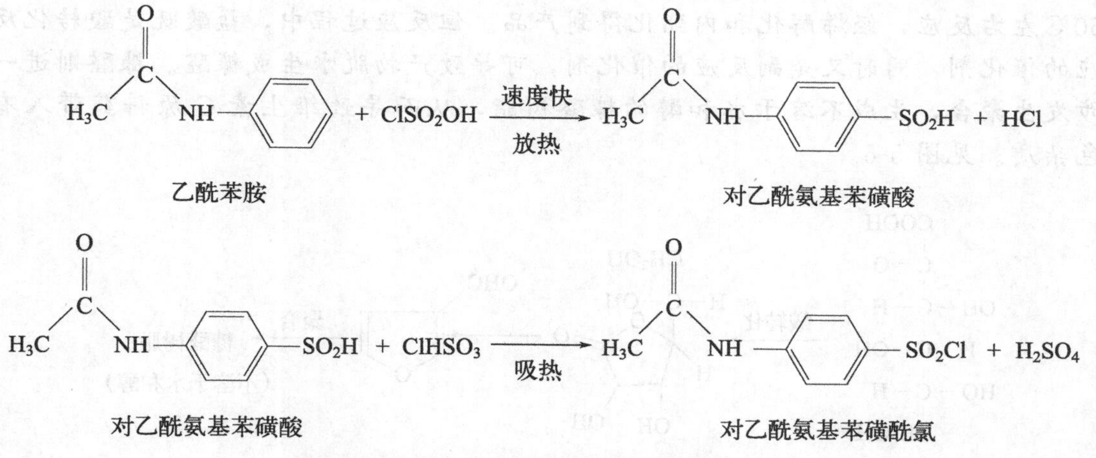

图 5-4　对乙酰氨基苯磺酰氯的制备

四、反应工艺参数的优化

由于实验室小试工艺的最佳反应条件不一定能完全符合中试放大的要求，因此应该针对主要的影响因素，如放热反应中的加料速度、反应罐的传热面积与传热系数，以及冷却剂等因素进行深入研究，掌握它们在中试装置中的变化规律，从而得到更合适的反应条件。

> **实例解析**

研究磺胺对甲氧嘧啶（sulfamethoxydiazine）的生产工艺时，中间体甲氧基乙醛缩二甲酯是由氯乙醛缩二甲醇与甲醇钠反应制得的。该反应要求甲醇钠浓度为 20% 左右，反应温度为 140℃，反应罐内压力为 10×10^5 Pa。由于该条件对设备要求较高，因此在中试放大时在反应罐上装了分馏塔，随着甲醇馏分的馏出，罐内甲醇钠浓度逐渐升高。由于产物的沸点较高，反应物可在常压下顺利加热至140℃进行反应，从而把加压条件下进行的反应改为常压反应。见图5-5。

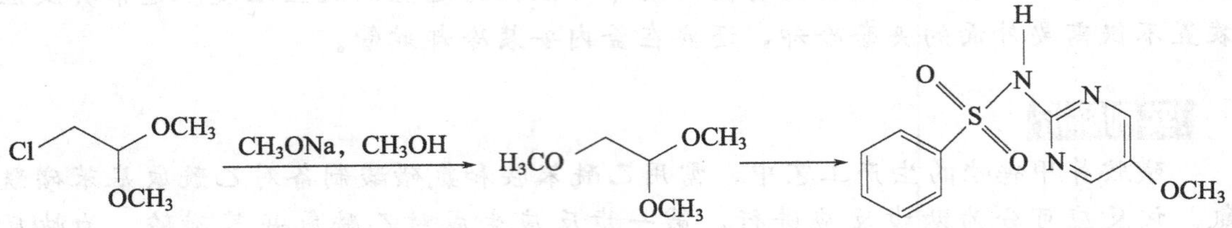

图 5-5　甲氧基乙醛缩二甲酯的制备

> **实例解析**

L-维生素 C（Vitamin C）的生产工艺中，2-酮-L-古龙酸加入盐酸后升温至50℃左右反应，经烯醇化和内酯化得到产品。但反应过程中，盐酸既是酸转化反应的催化剂，同时又是副反应的催化剂，可导致产物脱水生成糠醛。糠醛则进一步发生聚合，生成不溶于水和醇的糠醛树脂，从而导致维生素 C 原料药带入有色杂质。见图5-6。

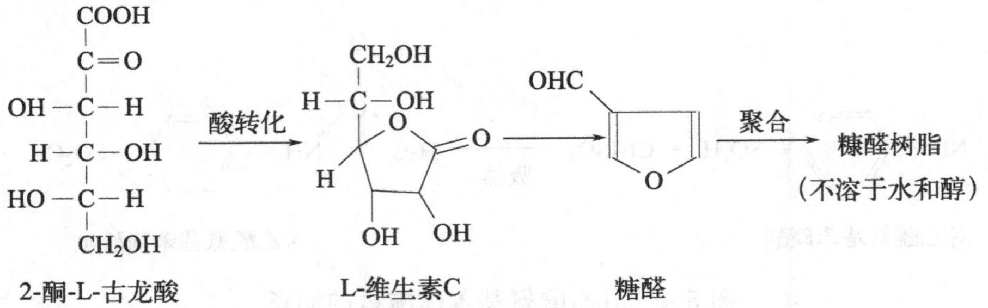

图 5-6　L-维生素 C 在盐酸催化下生成糠醛的副反应

在中试放大中，发现盐酸用量是主要影响因素，盐酸用量较多时，加快反应速度，但产品的质量和收率严重下降；盐酸用量较少时，产量和质量较好，但反应温度或时间不相应改变也会影响收率。通过中试放大研究，选定适当的盐酸用量，同时在反应体系中加入丙酮可及时溶解糠醛，阻止生成的糠醛发生聚合反应，从而使转化率和质量都达到最佳水平。

此外，工艺研究中得到的最适宜工艺条件（温度、压强、pH 等）是一个许可范围。有些反应对条件要求很严，超过一定限度，就可能造成反应失败，发生安全事故、收率降低、质量不合格等。在这种情况下，要对工艺条件的限度进行试验，有意识地安排一些破坏性试验，确保安全生产和正常生产。

五、工艺流程与操作方法的确定

在中试放大阶段，由于所需处理的物料量增加，因而必须考虑如何使反应及后处理的操作方法适应工业生产的要求，不仅要从加料方法、物料输送和分离等方面系统考虑，而且要特别注意缩短工序、简化操作和减轻劳动强度。

‹ 实例解析

由邻位香兰醛经甲基化反应制备 2,3-二甲氧基苯甲醛，直接按小试操作方法放大，需要将邻位香兰醛和水放于反应罐中，回流下交替加入 18% 氢氧化钠水溶液和硫酸二甲酯（见图 5-7）。反应结束后，先冷却再冷冻才能使产物结晶析出。水洗后自然干燥，再减压蒸出产品。该操作不仅非常繁杂，而且减压蒸馏时需要防止馏出物在管道中凝固而导致管道堵塞，严重时可引起爆炸。

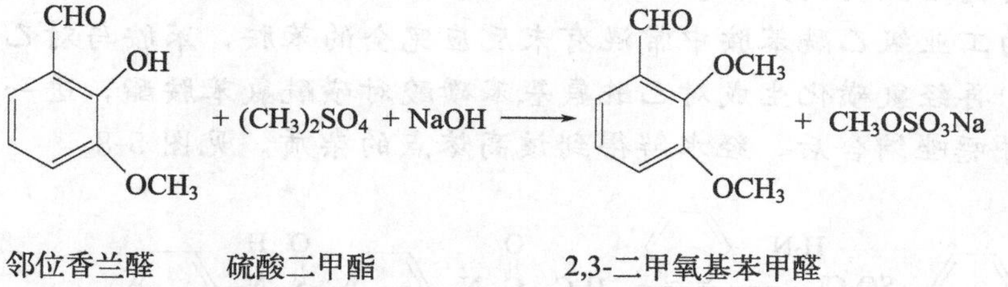

$$+ (CH_3)_2SO_4 + NaOH \longrightarrow + CH_3OSO_3Na$$

邻位香兰醛　　　硫酸二甲酯　　　　　2,3-二甲氧基苯甲醛

图 5-7　邻位香兰醛经甲基化制备 2,3-二甲氧基苯甲醛的反应

若后处理改为萃取法，则易发生乳化而导致物料的损失较多，收率也从小试的 83% 降到 78%。改用相转移催化（PTC）反应后，可将邻位香兰醛、水和硫酸二甲酯加入反应罐，再加入苯和相转移催化剂三乙基正丁基铵（TEBA），搅拌下升温到 60～75℃，滴加 40% 氢氧化钠溶液。生成的产物在相转移催化剂的作用下很快转移到苯层，而硫酸一甲酯钠则在水层。反应完毕分出有机层，蒸除溶剂即得产品，收率也稳定在 90% 以上。

六、原辅材料和中间体的质量监控

小规模生产的原材料、试剂、溶剂的纯度级别较高，一般采用分析纯或化学纯的原辅材料；而规模化生产时出于对成本的考虑，一般采用工业级的原材料。原材料级别、纯度的改变可能会对终产品的纯度和收率产生很大影响，有时甚至会影响反应的进行，因而一定要在中试时进行不同级别原材料的替代研究，有时还需要重新进行成本的核算。

1. 原辅材料、中间体的物理性质和化工参数的测定

为保证安全生产，必须查找和测定生产中使用的原辅材料、中间体的物理性质和化工常数，并根据物理性质和化工常数制定操作规范和安全措施。安全措施包括事故贮槽、爆破片、安全阀、溢流管、阻火器等。需要查找和测定的物理性质和化工常数有：比热容、黏度、熔点、闪点、沸点、爆炸极限等。

如 N,N-二甲基甲酰胺（DMF）与强氧化剂以一定比例混合时可引起爆炸，必须在中试放大前和中试放大时进行详细考察。

2. 制定原辅材料、中间体质量标准

特别是对于无水、无氧反应，原料和所用试剂的水分或其他杂质超标经常导致反应失败。在放大生产中，应特别注意原辅材料的水分、金属离子或某些杂质的含量。通过对比实验，验证工业级原料对反应的影响，并制定相应的原料质量标准，以便作为采购原料时的重要依据。

‹ 实例解析

在磺胺异甲噁唑（sulfamethoxazole，SMZ）的生产工艺研究中，发现产品中存在一种高熔点的副产物。经研究发现，该杂质与对乙酰氨基苯磺酰氯有关。因为购进的工业级乙酰苯胺中常混有未反应完全的苯胺，苯胺与对乙酰氨基苯磺酰氯反应，再经氯磺化生成对乙酰氨基苯磺酸对磺酰氯苯胺酯，进一步与3-氨基-5-甲基异甲噁唑缩合后，经水解得到该高熔点的杂质。见图 5-8。

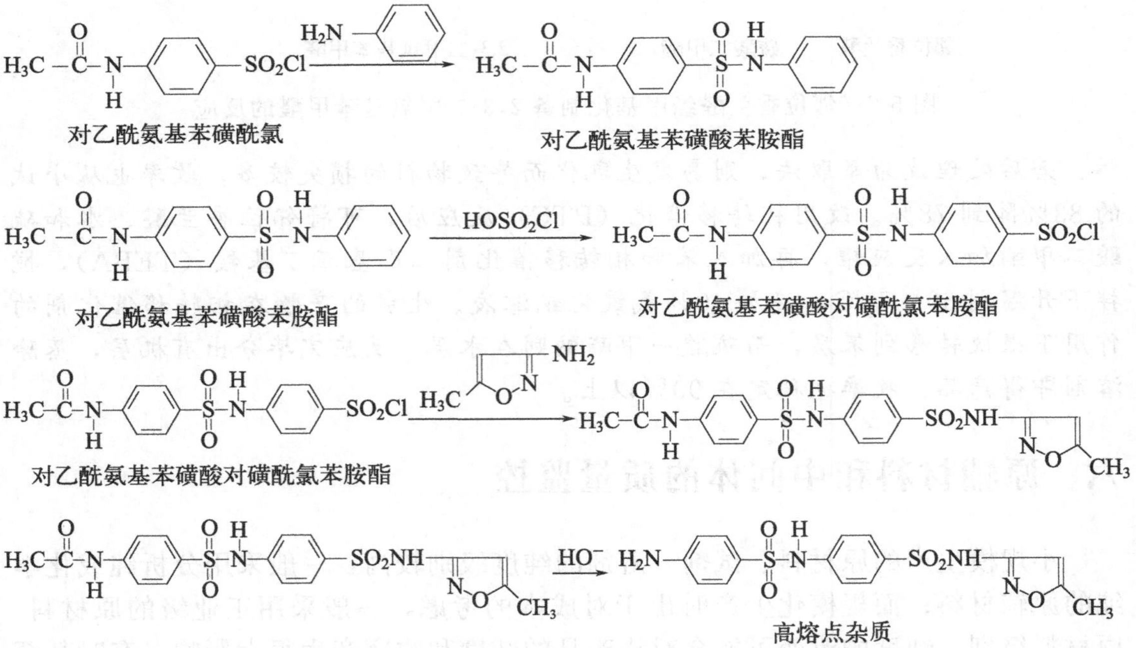

图 5-8　磺胺异甲噁唑生产工艺中某高熔点杂质的反应路线

因此企业在购置乙酰苯胺时，应提高原料乙酰苯胺的质量要求，特别要检查残留的苯胺。

> **实例解析**

氢化可的松（Hydrocortisone）的生产工艺研究中，双烯醇酮乙酸酯经环氧化反应制备环氧黄体酮时，工业级氢氧化钠的铁离子含量对反应有重要影响。原因是铁离子可促使过氧化氢分解，并导致反应溶剂甲醇被氧化成甲酸；生成的甲酸又消耗反应液中的氢氧化钠。因此，用于该反应的氢氧化钠应当严格限定可催化过氧化氢分解的重金属（如铁、铜、锰、镍和锌等）的离子含量，或设法除去相关的重金属离子。见图5-9。

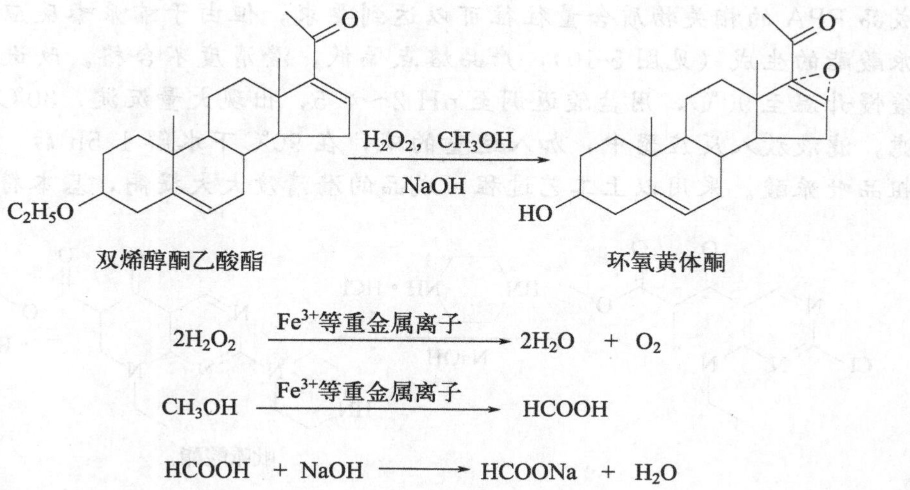

图 5-9　双烯醇酮乙酸酯制备环氧黄体酮的反应及铁离子存在导致的副反应

3. 原辅材料规格的过渡试验

小试阶段所使用的原辅料都是试剂规格，纯度高、杂质少，能够保证实验结果的稳定性和准确性。到了中试和工业化生产中，继续使用试剂规格的原辅料，成本太高，为此，应改用工业规格的原辅料。原辅料规格改变后，需要考察其对反应收率和产品质量的影响。

> **课堂互动**

化学试剂包括哪几类？其化学试剂符号分别是什么？

七、产品的质量控制

安全性、有效性和质量可控性是药品的三大特性，药品质量控制主要包括杂质、有机溶剂残留量及产品晶型的控制。

1. 杂质的生成与控制

由于原材料级别和各反应条件的改变，产物中可能会产生小试工艺及原国家标准中没有的新杂质，需要引起重视，并在中试研究中重点对该问题进行研究。如果该新杂质的量较大，还需要对该杂质进行定性研究以分析其产生的原因，并进一步研究减少其产生的新工艺。必要时还需要在国家标准的基础上制定注册标准以控制新增杂质，同时还需考虑新杂质的安全性问题。

> **实例解析**

吡哌酸（Pipemidic Acid，PPA）是喹诺酮类抗菌药，对铜绿假单胞菌、大肠埃希菌、变形杆菌、克雷伯杆菌等革兰阴性杆菌具有强的抗菌作用。生产过程中，成品 PPA 的相关物质含量往往可以达到要求，但由于缩哌嗪反应过程中杂质吡哌酸酯的生成（见图 5-10），产品熔点偏低，澄清度不合格。改进后处理工艺，缓慢升温至 90℃，用盐酸返调至 pH 2～4.5，出现大量沉淀，30℃条件下进行过滤，滤液放入反应器中，加入适量的碱，在 90℃下水解 1.5h 后，酸化过滤得到粗品吡哌酸。采用以上工艺过程，成品的澄清度大大提高，基本符合要求。

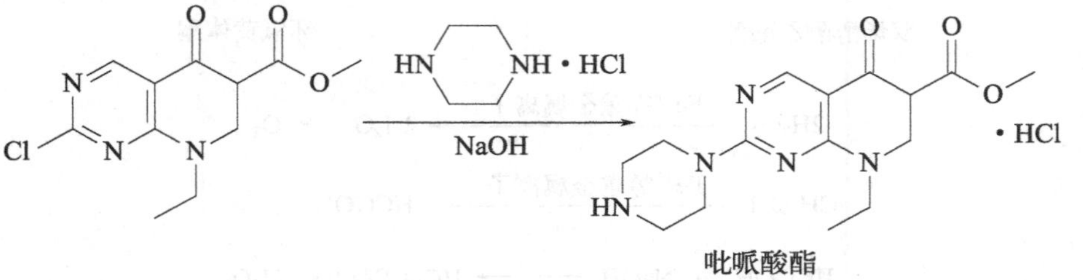

图 5-10　缩哌嗪反应过程中杂质吡哌酸酯的生成反应

2. 有机溶剂残留量控制

药品残留的有机溶剂又称有机挥发性杂质，主要是指药品生产过程中使用或产生的有机挥发性物质。由于药品中残留的有机溶剂无治疗作用并可能对人体的健康和环境产生危害，因此人用药品注册技术要求国际协调会（ICH）指导委员会制定的指导原则要求，如果某个药品的生产或纯化过程可导致溶剂残留，就应对这个药品进行检测。现在各国药典针对许多原料药也不断新增有机溶剂残留标准，因此在新药研发中，有机溶剂残留已成为产品质量控制的重要内容。实验室制备的样品可采用红外干燥或真空干燥箱干燥，干燥效率高，产品的有机溶剂残留量控制很容易实现。中试及生产规模的样品一般采用普通干燥箱或自然干燥，因而需要重新考察中试以上产品的有机溶剂残留量是否合格。

3. 晶型控制

由于终产品量的不同，中试样品与小试样品精制时的容器材质、结晶速度、结晶时间等皆可能有所不同，因而产品的晶型可能也会有所改变。特别是口服固体制剂的原料药，应考察中试和小试时样品的晶型是否一致。

八、反应后处理方法的研究

后处理过程一般都是物理过程，指从化学反应结束到得到产品的全过程，包括分离、母液回收、物料干燥等。后处理过程对提高反应收率、保证药品质量、减轻劳动强度、提高劳动生产率都非常重要。

九、"三废"处理

小试时由于物料少，"三废"产生量较小，容易处理，对安全及"三废"的问题关注较少，只是从理论上提出设想。到了中试阶段，由于处理量增大，"三废"的生成量百倍、千倍地增加，安全生产和"三废"问题就暴露出来。因此，需进一步研究该阶段反应中使用的易燃、易爆、有毒的原料、溶剂及"三废"的循环利用和无害处理，以及安全生产与劳动保护等问题，以降低成本和减小对环境的污染。

第三节　工艺说明书

药品生产工艺是药品生产的核心，是实施药品生产的软件基础，也是生产合格药品、提高经济效益的基本保证，更是利用新技术、新反应改造传统生产工艺，提高医药企业国际竞争力的根本途径。

一、工艺说明书的基本内容

工艺说明书的内容主要包括药品性质、质量标准、生产工艺规程、工艺计算（物料衡算、热量衡算、设备的选择和计算）、车间布置、操作工时和人员配备、劳动保护和安全生产、生产技术经济指标、"三废"治理等几方面。说明书应文理通顺，技术用语正确，分析全面，论述充分，分析计算和数据引用正确，结构严谨合理。

1. 药品性质

药品性质实际上包括物理性质（性状、溶解度、熔点、沸点等）、化学性质（光热的稳定性、成盐性、特殊反应等）和药理性质（适应证、体内代谢机制、耐药性、毒性等），这些性质能有效地让操作者认识产品的特点，是工艺说明书的一个基础内容。

2. 质量标准

药品质量标准是药品的纯度、鉴别、检查（酸碱度、有关物质、氯化物、重金属、干燥失重、炽灼残渣等）、含量测定方法、组分、类别疗效、毒副作用、贮藏方法和剂型剂量的综合体现。它以法律的形式写进《中华人民共和国药典》，是医药企业生产合格产品的法定依据，它在工艺说明书中起到提纲挈领的作用。此外，还包括原辅材料、中间体的性状、规格以及注意事项（包括含量、杂质含量限度等）。原辅材料和中间体的质量标准也是工艺过程不可分割的组成部分。

3. 生产工艺规程

生产工艺规程是组织药品工业化生产的指导性文件，是保证有效实施生产准备的重要依据，是扩大生产车间或新建药厂的基本技术条件，因此它是工艺说明书的核心内容。制定生产工艺规程，需具备下列原始资料和基本内容。

（1）产品介绍　主要包括产品的名称、化学结构、分子式、产品性状、药效学/药理学信息、剂型情况、剂量、服用方法和存储方法等。

（2）化学反应过程　依据化学反应或生物合成方法，分工段地写出主反应、副反应、辅助反应（如催化剂制备、副产物处理、回收套用等）及其反应机制和具体的反应条件参数（如投料比、温度、时间等）。同时，也包括反应终点的判定方法和快速检测中间体或原料药的测定方法。

（3）工艺流程　以生产工艺过程为核心，用图解或文字的形式来描述冷却、加热、过滤、蒸馏、萃取、结晶和干燥等单元操作的具体内容。

（4）设备一览表　岗位名称、设备名称、规格、数量（容积、性能）和材质等。

（5）设备流程和设备检修　设备流程图是用设备示意图的形式来表示生产过程中各设备的衔接关系，表达生产过程的进程。同时，对于设备检修时间和具体实施办法，应该能明确地做出预案。

（6）工艺过程及参数　生产工艺过程及参数包括：

① 配料比（摩尔比、重量比、投料量）；

② 工艺操作；

③ 主要工艺条件及其说明和有关注意事项；

④ 生产过程中的中间体及其理化性质和反应终点的控制；

⑤ 后处理方法以及收率等。

（7）成品、中间体、原料检验方法　中间体、原料的检测是直接影响药品生产过程的重要因素，而成品的检测是维系药品质量和疗效的根本基础。应以药典或药品标准为依据，建立科学、有效、快速的检验方法，如硫酸新霉素生产工艺规程中各个过程的效价测定；如浓缩后中药浸膏的中控指标往往采用检测密度的方法；如磺胺甲噁唑的生产工艺中，中间体乙酰丙酮酸乙酯的检验以及原辅料乙醇、草酸二乙酯、丙酮的含量测定，以及原料中的水分限度检查（水的存在会影响该反应的收率）。

4. 工艺计算

工艺计算包括物料衡算、热量衡算、设备的选择和计算，三者是逐步递进的关系。物料衡算是三者的基础；热量衡算是以物料衡算为基础，它是建立过程数学模型的一个重要手段，是医药化工计算的重要组成部分；设备的选择和计算是以物料衡算和热量衡算为基础来进行生产设备的选择和设计计算，从而实现工业化过程硬件的配备。

5. 车间布置

结合工艺过程中所涉及的各种原辅料性质以及反应过程的特性，车间布置设计的目的就是对厂房的配置和设备的排列做出合理的安排。有效的车间布置将会使车间内的人、设备和物料在空间上实现最合理的组合，增加可用空间。

车间一般由生产部分（一般生产区及洁净区）、辅助生产部分和行政生活部分组成。

辅助生产部分包括物料净化用室、原辅料外包装清洁室、包装材料清洁室、灭菌室；称量室、配料室、设备容器具清洁室、清洁工具洗涤存放室、洁净工作服洗涤干燥室；动力室、配电室、化验室、维修保养室、通风空调室、冷冻机室、仓库等。

行政生活部分由人员净化用室（包括雨具存放间、管理间、换鞋室、存外衣室、盥洗室、洁净工作服室、空气吹淋室等）和生活用室（包括办公室、厕所、淋浴室）组成。

车间布置设计的内容为：①确定车间的火灾危险类别，爆炸与火灾危险性场所登记及卫生标准；②确定车间建筑（构筑）物和露天场所的主要尺寸，逐个对车间的生产、辅助生产和行政生活区域的位置做出安排；③确定全部设备的空间位置。因此，平面车间布置图是车间布置不可缺失的重要部分。

6. 操作工时和人员配备

记叙各岗位的工序名称和操作时间（包括生产周期与辅助操作时间，并以此计算出产品生产的总周期）。药品质量好坏与生产过程直接相关，所以合理地配置人员和组织生产显得特别重要。为使设计能够更好地与生产下游衔接，需要劳动组织和人员配合设计。

7. 劳动保护和安全生产

药厂生产中遇到的主要安全事故有中毒、腐蚀、爆炸、火灾、人身伤亡及机械设备事故。从医药化工生产的角度看，工业安全有两个主要方面：一是以防火防爆为主的安全措施；二是防止污染扩散形成的暴露源对人身造成的健康危害。同时，操作人员除了要通晓化工专业知识外，还要了解燃烧和爆炸方面的知识，必须注意原辅料和中间体的理化性质，逐个列出预防原则、技术措施、注意事项和现场处置预案；更要掌握系统安全分析的技能，熟悉各种安全标准规范。如维生素 C 的生产工艺过程中应用的 Raney 镍催化剂应随用随制备，暴露于空气中便会剧烈氧化燃烧；氢气更是高度易燃、易爆气体；氯气则是窒息性毒气；氰化反应用到的含 CN^- 无机盐剧毒物质的投料、出料和后处理的操作等。此外，危险品库应设于厂区的安全位置，并有防冻、降温、消防措施。危险品储存和运输的设施应符合 GB 15603—2022《危险化学品仓库储存通则》的要求，在实际生产中要时刻提高警惕。

8. 生产技术经济指标

生产技术经济指标的高低直接反映出产品生产工艺的先进性，是医药企业竞争力高低的一个十分重要的技术指标。生产技术经济指标主要包括：

（1）生产能力（年产量、月产量）。

（2）中间体、成品收率、分步收率和成品总收率、收率计算方法。

（3）工资及福利费 指直接参加生产的工人工资和按规定提取的福利基金。工资部分按设计的直接生产工人定员人数和同行业实际平均工资水平计算；福利基金按工资总额的一定百分比计算。

（4）原辅料及中间体消耗定额：

单位产品原材料成本＝单位产品原材料消耗定额（单耗）×原材料价格

◁ 知识链接

① 消耗定额 消耗定额是指生产1kg成品所消耗的各种原材料的质量（kg）数。消耗定额越大，生产成本越高，"三废"越多。

② 原料成本 原料成本指生产1kg成品所消耗的各种物料价值的总和。生产成本越高，经济效益越差。

③ 操作工时 操作工时指每一操作工序从开始到终了所需要的实际作业时间（以小时计）。生产中根据操作工时，安排操作工人的人数和操作。

④ 生产周期 生产周期指从合成的第一步反应开始到最后一步获得成品为止，生产一个批号的成品所需时间的总和（以工作天数计）。

⑤ 燃料和动力费用 指直接用于工艺过程的燃料和直接供给生产产品所消耗的水、电、蒸汽、压缩空气等的费用，分别根据单耗乘以单价计算。

9. "三废"治理

针对生产产品的"三废"特点，制定相关的具体措施，使排放对环境的污染降到最低程度。在医药生产中，环境保护和污染治理主要从以下几方面着手。

（1）控制污染源。

（2）改革有污染的产品或反应物品种。

（3）排料封闭循环。医药生产中可以采用循环流程来减少污染和充分利用物料。

（4）改进设备结构和操作。

（5）减少或消除生产系统的"跑、冒、滴、漏"。为达到此目的，应提高设备和管道的严密性，减少机械连接，采用适宜的结构材料并加强管理等。

（6）控制排水，清污分流，有显著污染的废水与间接冷却用水分开。根据工业废水的具体情况，经处理后稀释排放或循环使用；间接冷却用水经风冷塔降温后循环利用。

（7）回收和综合利用是控制污染的积极措施。左沙丁胺醇原料药 S-异构体的外消旋化，能有效地减少固体废渣的产生；在地西泮的生产过程中，氯化产生大量的 HCl 气体，用低真空循环泵系统进行尾气吸收，可以制备工业盐酸；此外，医药行业大量使用溶剂进行重结晶操作，溶剂的回收套用也是不容忽视的。

二、工艺流程设计

生产工艺流程就是如何把原料通过医药化工单元操作和设备，经过化学或物理的变化逐步变成产品的过程。其任务一般包括如下内容。

1. 确定全流程的组成

全流程包括从原料到产品的生产过程和"三废"处理过程所需的单元操作，以及它们之间的相互联系。

2. 确定载能介质的技术规格和流向

工艺的载能介质有水、蒸汽、冷冻盐水和空气（真空或压缩）等。

3. 确定生产控制方法

保持生产方法的操作条件和参数是生产按照给定方法进行的必要条件，流程设计要确定温度、压力、浓度、流量、流速及酸碱度。

4. 确定安全技术措施

如报警装置、防爆片、安全阀和事故储槽等。

5. 编写工艺操作方法

根据工艺流程图编写生产操作说明书，阐述从原料到产品的每一个过程和步骤的具体方法。

三、制定制药工艺流程的基本程序

制药工艺流程的设计是核心内容，其制定的基本程序如下。

1. 编写生产操作方法

在小试研究的基础上，结合中试放大的验证和复审结果，对拟订的生产方法进行过程分析，将产品的生产工艺过程分解成若干个单元反应、操作或若干个工序，并确定基本操作参数和载能介质的技术规格，结合生产工艺规程的内容进行相关的编写工作。

实例解析

地西泮（Diazepam）的中间体——甲基化产物的制备反应见图 5-11。

将 120kg 5-氯-3-苯基苯并-2,1-异噁唑（简称异噁唑）粗品投入甲基化反应罐中，再投入 210L 甲苯，密封升温到 78℃开始回流，并伴随有带水过程（关闭排空管，加热反应罐，甲苯和水蒸气通过冷凝器回收到甲苯储罐中，当反应温度升

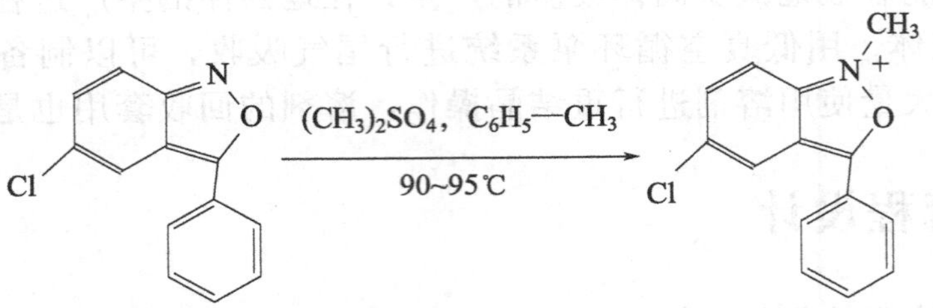

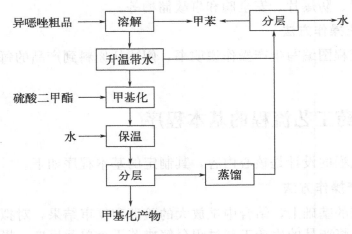

图 5-11 地西泮的中间体——甲基化产物的制备反应

高到 100℃以上时，反应罐中的水被全部带完，持续一段时间后打开排空管，降低罐内压力）；待温度下降到 95℃时，向罐内滴加 80L 硫酸二甲酯（滴加速度控制在 4L/min），在 90～95℃条件下保温 3h，停止加热，待温度下降到 82～90℃时，由进料口分 3 次加入 60℃的热水 450L，放出的水层由缓冲罐利用空压作用，进入还原罐中，甲苯层以真空作为动力抽到蒸馏罐中回收甲苯。

2. 绘制工艺流程框图

工艺流程框图的主要任务是结合拟订的生产操作方法，定性地标示出原料转变为产品的路线和顺序，以及要采用的各种医药化工单元操作和主要设备。

以原料药生产工艺为例，按照甲基化产物的操作规程绘制其工艺流程框图，如图 5-12 所示。

图 5-12 地西泮的中间体——甲基化产物的工艺流程框图

在设计生产工艺流程框图时，首先要弄清楚原料变成产品要经过哪些操作单元。其次要研究确定生产线（或生产系统），即根据生产规模、产品品种、设备能力等因素决定采用一条生产线还是几条生产线进行生产。最后还要考虑采用的操作方式，是采用连续生产方式，还是采用间歇生产方式。还要研究某些相关问题，例如进料、出料方式，进料和出料是否需要预热或冷却，以及是否需要洗涤等。总之，在设计生产工艺流程框图时，要根据生产要求，从建设投资、生产运行费用、利于安全、方便操作、简化流程和减少"三废"排放等角度进行综合考虑，反复比较，以确定生产的具体步骤，优化单元操作和设备，从而达到技术先进、安全适用、经济合理、"三废"得以治理的预期效果。

3. 结合流程框图考虑设备与流程的关系

确定最优方案后，经过物料和能量衡算，对整个生产过程中投入和产出的各种物流，以及采用设备的台数、结构和主要尺寸都已明确后，便可正式开始设备工艺流程图的设计。设备工艺流程图是以设备外形、设备名称、设备间的相对位置、物料流向及文字的形式定性地表示出由原料变成产品的生产过程。进行设备工艺流程图的设计必须具备工业化生产的概念。

◀ **实例解析**

镇咳药羟丙哌嗪（Dropropizine）的中间体 3-氯-1,2-丙二醇采用环氧氯丙烷热水解法制备，制备反应见图 5-13。

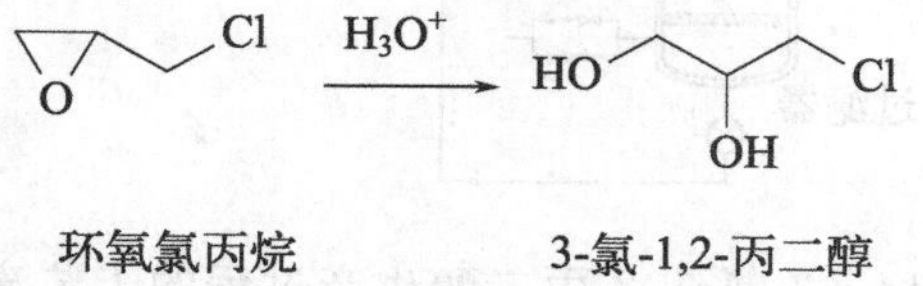

环氧氯丙烷　　　　　　　3-氯-1,2-丙二醇

图 5-13　3-氯-1,2-丙二醇的制备反应

看似简单的一个反应，但在工业化生产中就不那么简单了。必须考虑一系列问题：

（1）反应器　首先要有水解罐，并结合年生产能力确定罐体的大小、个数等。

（2）计量罐　对于投料量而言，要有环氧氯丙烷计量罐和水计量罐，以便正确地将两种反应原料送入水解罐。

（3）考虑反应体系的热效应问题　如加热系统的安装，蒸汽管线以及疏水器的使用。同时，冷却系统在反应罐的降温过程、蒸馏过程和反应过程中也是必不可少的，如列管式冷却器的采用以及一级、二级冷却形式的考虑。

（4）物料转运系统的设置　考虑采用什么方法将过滤后的滤液送入相应的蒸馏罐中，要针对物料的易燃、易爆、腐蚀和密度等性质予以考虑。如果采用空压输送方式，还需添加空压装置和管线，以及放空设施。

（5）根据系统的流体性质来考虑设备材质问题　如酸水解罐采用搪瓷的材质，3-氯-1,2-丙二醇呈中性，则减压蒸馏采用不锈钢材质。

（6）真空系统和放空系统　减压操作过程涉及采用何种真空系统和如何布置管线，同时也要考虑放空设施的采用。

（7）分馏系统　最后，还要考虑设计分馏过程的设备和管线连接位置高低，以便于实际生产中的操作和使用。

参照图 5-14 就可一目了然。因此，需要建立工业化大规模生产的概念，将设备、管线、加热/冷却系统、转运系统以及工艺过程相结合。

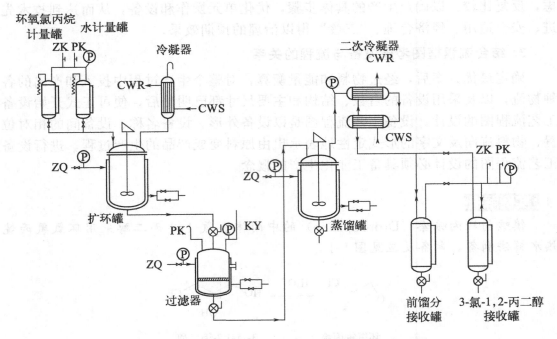

图 5-14　3-氯-1,2-丙二醇生产过程的工艺流程图

ZK—液氮真空管道；PK—工艺空气（也叫仪表空气）；ZQ—中缀储气（中缀储气是指将储气储存
在地下隔层或地下空间中，用于加注高压气体和制备气体）；KY—程控电磁阀（附属设备，
作用是切换程控阀气路）；Ⓟ—压力表；CWS—冷却水上水；CWR—冷却水回水

4. 绘制初步设计阶段的带控制点的工艺流程图

设备工艺流程图绘制后，就可进行车间布置和仪表自控设计。根据车间布置和仪表自控设计结果，绘制初步设计阶段的带控制点的工艺流程图（pipe and instrument diagram，PID）。带控制点的工艺流程图要比设备工艺流程图更加全面、完整和合理。带控制点的工艺流程图可以明确反映出各种设备的使用状况、相互关系，以及该工艺在使用设备（包括各种计量、控制仪表在内）和技术方面的先进程度、操作水平和安全程度。它是工艺流程框图和设备工艺流程图的最终设计，是以后一系列施工设计的主要依据，起着承上启下的作用。

在设备设计计算全部完成和计量、仪表控制方案被确定后，以设备工艺流程图为基础，开始绘制带控制点的工艺流程图，然后进行车间布置设计，并结合主要管路布置，再审查带控制点的工艺流程图的设计是否合理。如发现工艺流程中某些设备的布置不够妥当或是个别设备的形式和主要尺寸欠妥，可以进行修改完善。经过多次反复逐项审查，确认设计合理无误后才正式绘制带控制点的工艺流程图，作为正式的设计成果编入设计文件，供上级审批和今后施工设计之用。

带控制点的工艺流程图的各个组成部分与设备工艺流程图一样，由物料流程、图例、设备位号、图签和图框组成。

习　题

一、填空题

1. 制药工艺的研究一般可分为实验室工艺研究（又称小试）、＿＿＿＿＿＿＿＿以及工业化生产 3 个阶段。

2. 中试放大车间一般拥有各种规格的中小型反应罐和＿＿＿＿＿＿＿＿设备。

3. 常用的中试放大方法主要有经验放大法、相似放大法和＿＿＿＿＿＿＿＿放大法。

4. 采用经验放大法的前提条件是放大的反应装置必须与提供经验数据的装置保持完全相同的＿＿＿＿＿＿＿＿条件。

5. 数字模拟放大法的基础是建立数学＿＿＿＿＿＿＿＿。

6. 化工过程开发的难点是化学反应器的＿＿＿＿＿＿＿＿。

7. 在工业化过程中，为了提高设备生产能力或满足许多反应的自身要求，往往采取＿＿＿＿＿＿＿＿操作。

8. 相似放大法主要应用＿＿＿＿＿＿＿＿理论进行放大。

9. 经验放大法是根据空时得率＿＿＿＿＿＿＿＿的原则进行。

10. 药品制备中的反应大多为＿＿＿＿＿＿＿＿反应，其反应热效应较大。

二、单选题

1. 生产 1kg 成品所需的各种原材料的价值总和称为（　　）。
A. 原料成本　　　B. 操作工时　　　C. 生产周期　　　D. 消耗定额

2. 中试放大一般是实验室规模的（　　）倍。
A. 5～10　　　B. 10～30　　　C. 30～50　　　D. 50～100

3. 生产 1kg 成品所消耗的各种原材料的质量（kg）数称为（　　）。
A. 原料成本　　　B. 操作工时　　　C. 生产周期　　　D. 消耗定额

4. 每一操作工序从开始至终了所需的实际作业时间（以小时计）称为（　　）。
A. 原料成本　　　B. 操作工时　　　C. 生产周期　　　D. 消耗定额

5. 从合成第一步始到最后得到产品止，生产一个批号成品所需时间的总和（以工作天数计）称为（　　）。
A. 原料成本　　　B. 操作工时　　　C. 生产周期　　　D. 消耗定额

6. （　　）仅适用于简单的物理过程的放大。
A. 数学模拟放大法　　　　　　B. 经验放大法
C. 化学反应工程理论指导放大法　　D. 相似放大法

三、多选题

1. 中试放大的基本条件是（　　）。
A. 实验室操作收率稳定，质量合格
B. 产品市场好
C. 确定原料、中间体和产品的质量分析方法
D. 设备达到要求

2. 中试放大的基本方法包括（　　　）。

A. 经验放大法　　　B. 相似放大法　　　C. 数学模拟法　　　D. 理论计算法

3. 编制工艺规程的范围包括（　　　）。

A. 常年生产的产品

B. 中间转产的产品

C. 新产品在投产前，制定临时工艺规程

D. 非常年生产的产品

4. 中试放大重点解决的问题是（　　　）。

A. 原料规格的过渡　　　　　　　　　　B. 设备材质

C. 反应条件的限度　　　　　　　　　　D. 反应后处理方法

5. 工艺规程的内容包括（　　　）。

A. 生产流程

B. 原料、中间体和产品的质量标准和检验方法

C. 产品的市场占有率

D. "三废"治理和"三废"排放标准

四、判断题

1. （　　　）中试放大一般是将小试规模扩大 200 倍的操作。

2. （　　　）中试放大就是规模化生产，在生产车间进行。

3. （　　　）相似放大法适用于化学反应条件的放大。

4. （　　　）工艺规程的制定原则是 GMP。

5. （　　　）数学模拟放大法是科技含量高的放大方法。

五、问答题

1. 中试放大的方法及适用范围有哪些？

2. 简述中试放大的研究内容。

3. 简述工艺说明书的基本内容。

4. 简述生产工艺规程的基本内容。

第六章

布洛芬的生产工艺

🌐 知识目标

1．了解并掌握布洛芬的理化性质和适应证；
2．熟悉布洛芬的工艺流程图；
3．掌握布洛芬缩水甘油酸酯法的合成路线、工艺原理、工艺过程。

🎯 技能目标

1．能够查阅资料，说出布洛芬常见的药物制剂类型及适应证；
2．比较几种布洛芬的合成路线，运用工程观点说出其各自的优缺点，并选出成熟的适合工业化生产的合成路线；
3．能够识读缩水甘油酸酯法的合成布洛芬的工艺框图。

💡 思政素质目标

树立"安全性、有效性和质量可控性"的药品生产理念；强化"技术先进、安全适用、经济合理、绿色环保"的工程理念。

第一节　布洛芬简介

布洛芬属于非甾体类抗炎药，1969 年在英国首先上市，因消炎镇痛疗效好，副作用小，对肝、肾及造血系统无明显副作用，对胃肠道的副作用较小等优势，在世界各国得到普遍使用。国际风湿病学会十三届会议推荐本品为优良的抗风湿药品。本品也是国内外非甾体类抗炎药中市场销售额最高的药品之一，我国现已规模化生产。

一、布洛芬的理化性质

1. 布洛芬的化学结构

布洛芬的化学名称为 2-(4-异丁基苯基) 丙酸（$C_{13}H_{18}O_2 = 206.28$）。
其化学结构式为：

2. 布洛芬的物理性质

外观：本品为白色结晶状粉末，稍有特异臭，几乎无味。
溶解度：在乙醇、丙酮、氯仿或乙醚中及碱液中易溶，在水中几乎不溶，在 NaOH 和 Na_2CO_3 溶液中易溶。
熔点：74.5～77.5℃。

二、布洛芬的药理作用

布洛芬为丙酸类消炎镇痛药，具有抗炎、镇痛、解热和抗风湿作用。
临床主要用于：
① 缓解急、慢性类风湿关节炎、风湿性关节炎和骨关节炎的发作，能减轻症状。治疗风湿和类风湿关节炎的疗效稍逊于乙酰水杨酸和保泰松。
② 轻、中度疼痛的镇痛，如牙痛、矫正手术后的疼痛、软组织损伤后的肌肉疼痛等。
③ 神经炎、咽喉炎、支气管炎和强直性脊柱炎的消炎镇痛。

‹ 课堂互动

1. 布洛芬常见的药物制剂有哪些类型？

2. 你学过哪些非甾体类抗炎药？商品名称是什么？生产厂家有哪些？

第二节　布洛芬的合成路线

因布洛芬在消炎、镇痛、解热方面存在的优势，国内外对布洛芬的合成都做了大量的研究，推出了许多合成路线。有的合成路线现已规模化生产和使用；有的合成路线较长或收率较低；有的原料来源困难或价格较高；有的反应条件要求苛刻或稳定性差；有的成本高或组织生产困难等。下面是部分合成路线的概述。

一、以异丁基苯及其衍生物为原料的合成路线

1. 异丁基苯与乳酸衍生物法

本法用乳酸对甲苯磺酸酯与异丁基苯在过量 $AlCl_3$ 存在下反应，生成布洛芬。

此法的缺点是产物中有大量的异构体，产品质量差、收率低。

2. 格氏反应合成法

本法用异丁基苯衍生物为原料，经格氏反应合成布洛芬。

此法收率较高，但需用格氏试剂，反应条件要求苛刻，大多数原料须自制，所用试剂价格昂贵，乙醚易燃易爆，不适合工业化生产。

3. 氰化物经甲基化、水解合成布洛芬

本法以异丁基苯为原料，经氯甲基化、氰化、甲基化、水解合成布洛芬。

$$H_3C-CH-CH_2-\text{苯} \xrightarrow[\text{HCHO, HCl, AlCl}_3]{\text{氯甲基化}} (H_3C)_2CH-CH_2-\text{苯}-CH_2Cl \xrightarrow[\text{NaCN}]{\text{氰化}}$$

$$(H_3C)_2CH-CH_2-\text{苯}-CH_2CN \xrightarrow[(CH_3O)_2SO_2,\ NaOH]{\text{甲基化}} (H_3C)_2CH-CH_2-\text{苯}-CH(CN)CH_3$$

$$\xrightarrow[H^+]{\text{水解}} (H_3C)_2CH-CH_2-\text{苯}-CH(COOH)CH_3$$

本路线中氯甲基化、氰化反应中所用原料均有毒性，故操作要求较高，且存在设备腐蚀和"三废"问题。

> **知识链接**
>
> NaCN 是剧毒物品，工人在工作中要穿特制工作服，戴防毒面具，反应结束后，对现场和工具用硫酸亚铁处理消毒，中毒者要实施抢救。

4. Boots 公司采用的 Brown 方法

Boots 公司采用 Brown 方法，以异丁基苯为原料经历六步反应，合成布洛芬：

$$(H_3C)_2CH-CH_2-\text{苯} \xrightarrow[AlCl_3]{(CH_3CO)_2O} (H_3C)_2CH-CH_2-\text{苯}-C(=O)CH_3 \xrightarrow[C_2H_5ONa]{ClCH_2COOC_2H_5}$$

$$(H_3C)_2CH-CH_2-\text{苯}-\text{（环氧）}-C-OC_2H_5 \xrightarrow{H_3O^+} (H_3C)_2CH-CH_2-\text{苯}-CH(CH_3)-CHO \xrightarrow{NH_2OH}$$

$$(H_3C)_2CH-CH_2-\text{苯}-CH(CH_3)-CH=NOH \longrightarrow (H_3C)_2CH-CH_2-\text{苯}-CH(CH_3)-CN$$

$$\xrightarrow{H_2O} (H_3C)_2CH-CH_2-\text{苯}-CH(CH_3)-COOH$$

布洛芬

5. BHC 公司发明的绿色方法

BHC 公司发明的绿色方法，以异丁基苯为原料，反应只需三步即可合成布洛芬。原子利用率为 99%。

原料：异丁基苯   4-异丁基苯乙酮

4-异丁基苯乙醇   布洛芬

二、以乙苯为原料的合成方法

此法以乙苯与异丁酰氯经酰化、溴化、氰化、水解、还原制备布洛芬。

本法所用的异丁酰氯需自制，原料异丁酸、溴代丁二酰亚胺价格昂贵，不适合工业化生产。

三、以异丁基苯乙酮为原料的合成方法

此法以异丁基苯乙酮与氯仿在相转移催化剂的存在下经缩合、水解、还原制备布洛芬。

本反应条件要求高，需要相转移催化剂和加压反应，且副反应较多。

四、目前我国国内普遍采用的合成路线

目前国内使用的是缩水甘油酸酯法，以异丁基苯为原料，经酰化、缩合、碱

水解、酸中和、脱羧反应得异丁基苯丙醛，最后将异丁基苯丙醛氧化制得布洛芬。

（反应式：异丁苯 + CH₃COCl，催化剂 AlCl₃，1.乙酰化 → 4-异丁基苯乙酮）

（2.达参缩合 + ClCH₂COOCH(CH₃)₂，催化剂 (CH₃)₂CH-ONa → 缩水甘油酸酯）

（3.水解 NaOH → 钠盐；4.中和，脱羧，重排 HCl → 异丁基苯丙醛）

（异丁基苯丙醛经两条路线：
直接氧化法 + Na₂Cr₂O₇·2H₂O + H₂SO₄，5.氧化 → 布洛芬；
醛肟法 + NH₄OH + NH₂OH·HCl，pH=6，5.氧化 → 肟，6.水解 NaOH，中和 HCl，回流 pH=3~4 → 布洛芬）

本合成路线各步收率较高，是比较成熟的适合工业化生产的合成路线。

第三节 布洛芬的生产工艺原理及其过程

目前国内普遍使用的是缩水甘油酸酯法，下面探讨该路线的工艺原理与生产过程。缩水甘油酸酯法按三大工序进行生产。

一、4-异丁基苯乙酮的合成

1. 工艺原理

在三氯化铝的催化作用下，乙酰氯与异丁基苯发生傅-克酰化反应。由于异丁基是体积较大的邻、对位定位基，所以引入基团——乙酰基主要进入其对位，生成 4-异丁基苯乙酮。而邻位同分异构体 2-异丁基苯乙酮的生成量较少。

根据反应原料的特点和反应机理的要求，傅-克酰化反应需要无水操作，否则三氯化铝和乙酰氯水解。

主反应

副反应

2. 工艺过程

将计量好的石油醚（溶剂）、三氯化铝加入反应罐中，搅拌降温，使温度不超过 5℃，加入计量的异丁基苯，继续控制罐内温度不超过 5℃，再加入计量的乙酰氯，加毕，搅拌反应 4h，整个过程保持无水操作。

将反应液在 10℃ 下压入水解罐，滴加稀盐酸，保持罐内温度不超过 10℃，搅拌，水解反应 30min，水解完毕，静置分层，有机层为粗酮，水洗至 pH 为 6，然后进行减压蒸馏，回收石油醚。再减压蒸馏，收集 130℃/2kPa 馏分，为 4-异丁基苯乙酮，收率约 80%。

3. 注意事项

① 催化剂 $AlCl_3$，应是粉末状，不得结块。如果结块（吸水）不可使用。

② 傅-克酰化反应的搅拌速度要适中，搅拌太快易发生副反应，生成 2-异丁基苯乙酮，搅拌太慢反应不完全，影响产品的收率和质量。

③ 反应中产生大量的 HCl，要安装吸收装置和排风。

二、2-(4-异丁苯基)丙醛的合成

1. 工艺原理

此工艺过程中发生三步合成反应，首先在催化剂异丙醇钠的作用下，4-异丁基苯乙酮与氯乙酸异丙酯发生达参（Darzens）缩合反应，生成 3-(4-异丁苯基)-2,3-环氧丁酸异丙酯。

该酯在 NaOH 作用下，发生水解反应生成 3-(4-异丁苯基)-2,3-环氧丁酸钠。

该钠盐在酸性条件下，加稀盐酸中和，加热脱羧，重排生成 2-(4-异丁苯基)丙醛。

2. 工艺过程

将自制的异丙醇钠压入缩合罐内，于搅拌条件下控制温度在 15℃ 左右，然后慢慢滴入计量的 4-异丁基苯乙酮与氯乙酸异丙酯的混合物，控制温度在 20～25℃，反应 6h。再加热升温，控制温度在 75℃ 以下，回流反应 1h。

冷水降温，压入水解罐，将计量的 NaOH 溶液慢慢加入，控制温度在 25℃ 以下，搅拌水解反应 4h，反应完毕，先常压蒸馏分离出大部分 2-丙醇，再减压蒸馏剩余的 2-丙醇。

将水贮罐中的热水加入水解罐，70℃ 保温、搅拌、溶解 1h。

将 3-(4-异丁苯基)-2,3-环氧丁酸钠压入脱羧罐中，慢慢滴加计量的盐酸，控制反应温度在 60℃，滴加完毕，罐内温度升至 100℃ 以上，回流脱羧 3h，反应结束，降温，静置分层 2h。

有机层吸入蒸馏罐中，降压蒸馏，收集 120～128℃/2kPa 馏分，即得 2-(4-异丁苯基) 丙醛，收率 77%～78%。

脱羧液水层静置后尚存少量油层，应予回收。水层取样分析，测化学耗氧量，达标后排入废液罐，待集中处理。

减压蒸馏所剩残渣，应进行提取，回收所含 2-(4-异丁苯基) 丙醛。

3. 注意事项

① 脱羧反应中，产生大量泡沫，操作中应慢慢加酸，防止冲料。

② 本工艺中所得产品 2-(4-异丁苯基) 丙醛不稳定，要及时转入下一步反应，防止 2-(4-异丁苯基) 丙醛分解。

③ 反应中所用的催化剂异丙醇钠需要自制，其反应为：

④ 反应中用到的氯乙酸异丙酯需要自制，其反应为：

三、布洛芬的合成

1. 工艺原理

由 2-(4-异丁苯基)丙醛制备布洛芬的方法有两种。一是直接氧化法,用重铬酸钠作氧化剂,发生氧化反应制得;二是醛肟法,先制得醛肟,再水解、酸化得到布洛芬。

目前我国使用第二种方法,原因是避免使用氧化剂重铬酸钠,使后处理更加方便,减少污染,并且第二种方法以水为溶剂,操作更安全。

(1)直接氧化法

(2)醛肟法

① 先制备 2-(4-异丁苯基)丙醛肟

② 再制备 2-(4-异丁苯基)丙腈

③ 再制备 2-(4-异丁苯基)丙酸钠

④ 最后中和得 2-(4-异丁苯基)丙酸即布洛芬

2. 工艺过程

(1)直接氧化法工艺过程 将重铬酸钠溶解于配量的水中,开真空吸到氧化剂配制罐中，搅拌使之溶解，再将其水溶液压入氧化反应罐，降温，搅拌条件下将计量的浓硫酸慢慢滴入反应罐，滴加完毕，继续降温，准备氧化用。

待氧化反应罐内温度降至5℃时，将计量的丙酮、2-(4-异丁苯基)丙醛的混合液于搅拌下滴加至反应罐内，保持温度25℃，加毕，连续反应1h，直至反应液呈棕红色不褪色，即达反应终点，然后加入适量的焦亚硫酸钠的水溶液还原过量的氧化剂重铬酸钠，使反应液呈蓝绿色。

将上述反应液吸入丙酮回收罐中，升温常压蒸馏，直到蒸不出丙酮为止。残留物中加入计量的水和石油醚，开动搅拌，静置分层30min，水层用石油醚提取两次，水层（废铬液）加入碱液，调节$pH \leqslant 7$，产生墨绿色的$Cr(OH)_3$沉淀，再进行分离，集中处理。石油醚层水洗至无Cr^{3+}为止。

石油醚层加入配制好的稀碱液，搅拌15min，静置30min，将碱层（即布洛芬钠盐水溶液）分入钠盐贮罐。再将计量水加入石油醚层，搅拌15min，静置30min，水层并入钠盐贮罐，有机层吸入石油醚回收罐。

将钠盐中的碱水溶液压回提取罐，开动搅拌，慢慢滴加盐酸，待pH降至7.5～8.5时，再加入石油醚，升温，搅拌，静置分层。

水层加入酸化罐，保持温度35～45℃滴加盐酸，调节pH为1～2（此时析出布洛芬油层），降温至5℃，复测pH为2～3，继续降温、固化、结晶、离心，即得粗品布洛芬。收率在90%以上。

粗品经溶解、脱色、结晶、离心、干燥，即得精品布洛芬。

注意事项：

① 石油醚为一级易燃液体，应贮存于密封容器内，放置于阴凉通风处。

② 氧化剂重铬酸钠剧毒，应注意防毒，含铬废液不得随意排放。

③ 含铬废液的处理方法：将NaOH溶液加入废铬液中，调节$pH \leqslant 7$，产生墨绿色的$Cr(OH)_3$沉淀，再进行分离，集中处理。

‹ 知识链接

重铬酸钠

本品为红色至橘红色结晶。略有吸湿性。100℃时失去结晶水，约400℃时开始分解。易溶于水，不溶于乙醇，水溶液呈酸性。1%水溶液的pH为4，10%水溶液的pH为3.5。相对密度2.348。熔点356.7℃（无水品）。有强氧化性，与有机物摩擦或撞击能引起燃烧。极毒，半数致死量（大鼠，经口）50mg/kg（无水品）。经流行病学调查表明，对人有强致癌危险性。有腐蚀性。

（2）醛肟法工艺过程 将工业盐酸羟胺260g(3.55mol)投入2L反应瓶中，加入水460ml溶解后，用工业液碱调节pH至6，室温下投入2-(4-异丁苯基)丙醛520g(2.36mol)，至反应物经薄层色谱法（TLC）检查无原料斑点时，静置分层，分出上层液，用水洗涤至pH为7，得2-(4-异丁苯基)丙醛肟，收率接近100%。

工业氢氧化钠60g(1.47mol)，用水150ml溶解，倒入500ml烧瓶中，加入适量氯化钾，加热至沸，加入上文得到的 2-(4-异丁苯基)丙醛肟的水洗涤液 355g(0.23mol)，回流 5h 以上，至无氨气逸出。稍微冷却，静置分层，上层布洛芬钠盐分出（下层液中含氢氧化钠、氯化钾及少量布洛芬钠盐供套用）。用水 300ml 溶解，用石油醚 100ml 提取杂质，水层水蒸气蒸馏，至馏出液澄清，检查无羰基化合物为止。瓶中残留液冷却，酸化至 pH2～3，过滤析出的布洛芬固体，用水洗至 pH6～7，真空干燥得粗品，收率（折纯）平均为 97.3%。粗品以 65%～70% 乙醇 100ml 重结晶，得白色结晶粉末，精制率平均 90%，含量 99.85% 以上，质量符合《中国药典》标准。

第四节　布洛芬的生产工艺流程

一、4-异丁基苯乙酮工序

（1）原料：异丁基苯、乙酰氯。
（2）溶剂：石油醚。
（3）催化剂：无水三氯化铝。
（4）其他助剂：盐酸、蒸馏水。
（5）中间体：4-异丁基苯乙酮。
（6）反应类型：乙酰化反应、水解反应。
（7）副产物：2-异丁基苯乙酮、废气 HCl。
（8）加料次序：溶剂→催化剂→异丁基苯→乙酰氯。
（9）工艺条件：乙酰化反应温度不高于 5℃，水解温度不高于 10℃。
（10）主要设备：反应罐、水解罐。
（11）反应时间：乙酰化反应时间 4h，水解时间 30min。
（12）产物后处理方法：萃取、加压蒸馏。
（13）"三废"处理方法：溶剂石油醚回收利用，废 HCl 气体用纯水吸收生成盐酸。
4-异丁基苯乙酮工序工艺流程框图见图 6-1。

二、2-(4-异丁苯基)丙醛工序

（1）原料：4-异丁基苯乙酮、氯乙酸异丙酯。
（2）溶剂：纯水。
（3）催化剂：自制异丙醇钠。
（4）其他助剂：氢氧化钠、盐酸。
（5）中间体：3-(4-异丁苯基)-2,3-环氧丁酸异丙酯、3-(4-异丁苯基)-2,3-环氧丁酸钠、2-(4-异丁苯基)丙醛（收率 77%～78%）。
（6）反应类型：达参缩合反应、水解反应、中和反应、脱羧重排反应。

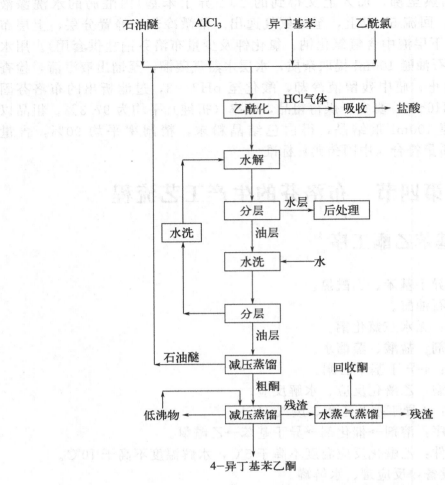

图 6-1　4-异丁基苯乙酮工序工艺流程框图

（7）副产物：异丙醇、氯化钠。

（8）加料次序

缩合罐：自制异丙醇钠→4-异丁基苯乙酮与氯乙酸异丙酯的混合物→NaOH溶液。

水解罐：缩合反应后产物→NaOH→热水。

脱羧罐：水解反应后产物→盐酸。

（9）工艺条件：缩合反应加料温度15℃、缩合反应温度20～25℃、水解温度在25℃以下、溶解温度70℃、脱羧反应温度60℃、回流脱羧反应温度100℃以上。

（10）主要设备：缩合罐、水解罐、热水贮罐、脱羧罐、蒸馏罐。

（11）反应时间：缩合反应6h、回流反应1h、水解反应4h、溶解时间1h、回流脱羧3h、脱酸反应后静置分层2h。

（12）产物后处理方法：常压蒸馏、减压蒸馏、萃取。

（13）"三废"处理方法：脱羧液水层静置后尚存少量油层，应予回收。废水层取样分析，测化学耗氧量，达标后排入废液罐，集中处理。减压蒸馏所剩残渣，应进行提取，回收所含 2-(4-异丁苯基) 丙醛。

2-(4-异丁苯基) 丙醛工序工艺流程框图见图 6-2。

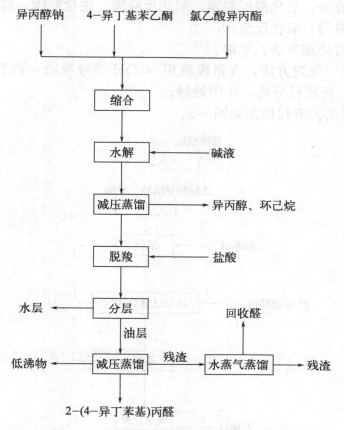

图 6-2 2-(4-异丁苯基) 丙醛工序工艺流程框图

三、布洛芬工序

(1) 原料：2-(4-异丁苯基) 丙醛。

(2) 溶剂：纯水、丙酮、石油醚。

(3) 催化剂：重铬酸钠。

(4) 其他助剂：重铬酸钠、浓硫酸、氢氧化钠、盐酸、焦亚硫酸钠水溶液。

(5) 产品：粗品布洛芬收率 90% 以上。

(6) 反应类型：氧化反应。

(7) 副产物：硫酸铬。

(8) 加料次序

氧化剂配制罐：重铬酸钠→水。

氧化反应罐：重铬酸钠溶液→浓硫酸→丙酮、2-(4-异丁苯基) 丙醛的混合液。

丙酮回收罐：反应液→水和石油醚→稀碱液。

提取罐：钠盐中的碱水溶液→盐酸→石油醚。

（9）工艺条件：氧化反应罐反应温度为 25℃，酸化罐内 pH 为 1～2。

（10）主要设备：氧化剂配制罐、氧化反应罐、钠盐贮罐、提取罐、酸化罐。

（11）反应时间：氧化反应 1h。

（12）产物后处理方法：萃取。

（13）"三废"处理方法：含铬废液用 NaOH 溶液吸收，调节 pH≤7，产生 $Cr(OH)_3$ 沉淀，再进行分离，集中处理。

布洛芬工序工艺流程框图见图 6-3。

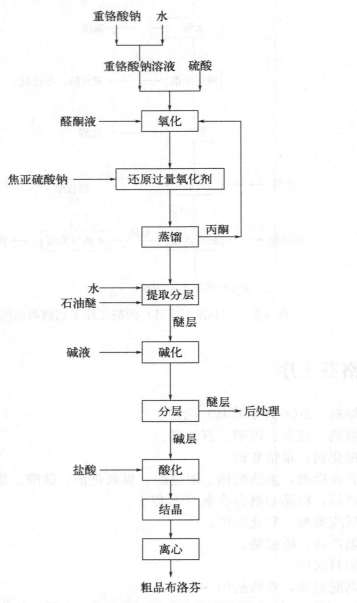

图 6-3　布洛芬工序工艺流程框图

习　题

一、填空题

1. 布洛芬为_____类消炎镇痛药,具有抗炎、镇痛、解热和抗风湿作用。

2. 目前国内使用的是_____,以异丁基苯为原料,经酰化、缩合、碱水解、酸中和、脱羧反应得异丁基苯丙醛,最后将异丁基苯丙醛_____制得布洛芬。

3. 在_____的催化作用下,乙酰氯与异丁基苯发生傅-克酰化反应。

4. 在催化剂_____的作用下,4-异丁基苯乙酮与氯乙酸异丙酯发生达参缩合反应,生成3-(4-异丁苯基)-2,3-环氧丁酸异丙酯。

5. 由2-(4-异丁苯基)丙醛制备布洛芬的方法有两种:一种是直接氧化法;另一种是_____,先制得醛肟,再水解、酸化得到布洛芬。

二、单选题

1. 布洛芬生产目前我国采用的合成路线是（　　　）。

A. 以异丁基苯为原料的乳酸衍生物法合成路线

B. 以乙苯为原料的合成路线

C. 以异丁基苯乙酮为原料的合成路线

D. 缩水甘油酸酯法合成路线

2. 傅-克酰化反应使用的催化剂是（　　　）。

A. 三氯化铝　　　　　B. 乙醇钠　　　　　C. 浓硫酸　　　　　D. 石油醚

3. 酰氯为酰化剂时,一定要使反应系统保持（　　　）。

A. 无水、干燥　　　B. 高温、高压　　　C. 强酸性　　　　　D. 强碱性

4. 布洛芬制备工艺中,含铬废液处理中沉淀法所用试剂为（　　　）。

A. $FeSO_4$　　　　　B. $CuSO_4$　　　　　C. $NaOH$　　　　　D. HCl

三、多选题

1. 达参缩合反应的反应条件是（　　　）。

A. 催化剂为有机碱　　　　　　　　B. 无水

C. 反应物为醛或酮　　　　　　　　D. 催化剂为酸

2. 氧化法合成布洛芬时加入焦亚硫酸钠的目的是（　　　）。

A. 还原过量的氧化剂　　　　　　　B. 保证产品质量

C. 降低生产成本　　　　　　　　　D. 合成中必需的工艺条件

3. 工艺流程图能反映出（　　　）。

A. 所用的原料　　　　　　　　　　B. 发生的化学反应

C. 流体的流向　　　　　　　　　　D. 产品的收率

4. 石油醚为一级易燃品,发生火险时可用的灭火措施是（　　　）。

A. 泡沫灭火器　　　　　　　　　　B. 干粉灭火器

C. 二氧化碳灭火器　　　　　　　　D. 自来水

5. 布洛芬是（　　　）。

A. 非甾体类消炎镇痛药　　　　　　B. 国际风湿病学会推荐的优秀药品

C. 半合成抗生素类药品　　　　　　D. 解热镇痛药品

6. 布洛芬临床常用于（　　　）。

A. 解热　　　　　　B. 消炎　　　　　　C. 镇痛　　　　　　D. 抗风湿

四、判断题

1.（　　　）布洛芬是芳基烷酸类非甾体抗炎药。

2.（　　　）布洛芬的肝、肾毒性大，临床使用受到限制。

3.（　　　）脱羧反应中放出的大量气体是氯化氢。

4.（　　　）傅-克酰化反应使用的催化剂是三氯化铝。

5.（　　　）减压蒸馏适用于低沸点物系的分离。

五、问答题

1. 布洛芬常见的剂型有哪些？

2. 国内生产布洛芬的合成路线有几条？请分别写出合成路线。

3. 解释傅-克酰化反应无水操作的原因是什么？

4. 含铬废液的处理方法是什么？

5. 写出缩水甘油酸酯法生产布洛芬的合成路线。

6. 简述我国布洛芬合成工序中使用的氧化方法及原因。

第七章

药物制剂工艺

知识目标

1. 了解药物制剂工艺及其发展概况；
2. 熟悉与药物制剂工艺相关的 GMP 知识；
3. 熟悉包合技术、固体分散技术、微胶囊技术及相关新剂型的基本原理及概念。

技能目标

1. 能够查阅资料，熟练说出药物制剂的发展概况；
2. 能够查阅资料，熟练说出运用包合技术、固体分散技术、微胶囊技术等制剂新技术的典型药物。

思政素质目标

树立"安全性、有效性和质量可控性"的药品生产理念。

第一节　概述

药物制剂工艺主要是研究药物剂型及制剂的设计、工艺和制备技术的一门学科。它是药剂学理论在药品生产制备过程中的体现和应用。

任何原料药物在用于临床之前，必须经过加工制成适合预防或医疗应用的形式，此形式称为药物剂型。

药物制剂是根据药典或国家药政部门批准的质量标准，将原料药物按某种剂型制成的具有一定规格的药剂。

一、药物剂型及制剂的发展

1. 药物剂型的发展历程

药物剂型及制剂是在中药制剂、格林制剂等传统制剂基础上发展形成的。

（1）第一代药物制剂　衍生了由简单加工供口服用的第一代药物制剂，如丸、散、膏、丹等。

（2）第二代药物制剂　根据临床用药的需要，及工业机械化与自动化的出现，产生了第二代药物制剂，如片剂、注射剂、胶囊剂、气雾剂等。

（3）第三代药物制剂　随着高分子材料学的发展以及医药学研究的不断深入，出现了第三代的缓释制剂、控释制剂，这类制剂改变了以往剂型频繁给药、血药浓度不稳定的缺点，提高了患者的依从性和治疗效果，减少了毒副作用。

（4）第四代药物制剂　固体分散技术、微囊技术等新技术的出现，发展了第四代的靶向制剂，使药物浓集于靶器官、靶组织、靶细胞，提高疗效并降低全身毒副作用。

（5）第五代药物制剂　反映时辰生物学技术与生理节律同步的脉冲式给药，根据所接受的反馈信息自动调节释放药量的自调式给药，即在发病高峰时期体内自动释药的给药系统，被认为是第五代药物制剂。

> **知识链接**

格氏试剂：烷基卤化镁

1901 年法国化学家格林尼亚（V. Grignard），对有机镁化合物作了深入研究，指出有机镁化合物的反应分两步进行。第一步是生成有机镁化合物，第二步是有机镁化合物与其他试剂的反应。他因此获得 1912 年的诺贝尔化学奖。该反应是通过与含羰基物质（醛、酮、酯）进行亲核加成反应实现的。烷基卤化镁是亲核加成反应很好的反应物，在合成醇类化合物中有特殊功效。这种反应又称作格氏反应。

2. 制剂工艺的发展

药物制剂发展的同时，药物制剂技术如生产工艺、设备、辅料、质量控制等方面都取得了快速进展。

（1）新型辅料方面　片剂生产中的可压性淀粉、微晶纤维素、羟丙基甲基纤维素、羧甲基淀粉钠、交联聚维酮等及一系列药用高分子材料的出现为新一代制剂，尤其是缓释、控释和靶向制剂的发展提供了可能性。

（2）工艺生产方面　片剂生产中采用的气流混合、流化床制粒与干燥、高速搅拌制粒、粉末直接压片、流化包衣等，注射剂生产中采用的超滤系统、反渗透制水系统及生产联动化等新型技术和工艺，进一步提高了产品质量和生产效率。

（3）制剂设备方面　新产品不断涌现，如高混合制粒机、高速旋转式压片机、高效包衣机、全自动胶囊填充机、全自动洗瓶机、高效电加热全自动灭菌器、全自动冷冻干燥设备、整体层流净化设备、口服液自动充装生产线、电子数控螺杆机、电磁感应封口机等。

（4）在制剂质量控制方面　我国药典每一版都增订了更多的制剂品种，在制剂通则中增加了不少新方法、新规定，使之更符合国际要求。

（5）现代药物制剂技术　如固体分散技术、包合技术、微胶囊技术、脂质体技术、微球和纳米粒技术等现代药物制剂技术，及微电脑技术在给药系统上的应用，超声技术在控释、透皮制剂上的应用，离子电渗技术在透皮给药制剂上的应用等，都为现代药物制剂及工艺的发展起到了有力的促进作用。

> **知识链接**
>
> 我国的制剂名称种类有三种：通用名、商品名和国际非专利名。
>
> （1）通用名　列入国家药品标准的药品名称为药品通用名，是药品的法定名称。
>
> （2）商品名　不同厂家生产的制剂可以使用经药品监督管理部门批准的商品名，但必须同时标注其通用名称。
>
> （3）国际非专利名　国际非专利名是世界卫生组织制定的药物国际通用名，药品的外文名应尽量采用国际非专利名，以利于国际交流。

二、药物制剂生产与《药品生产质量管理规范》（GMP）

GMP是《药品生产质量管理规范》的简称，是国际通用的药品生产质量管理形式，是药品生产和质量管理的基本准则。GMP要求在药品生产全过程中，用科学、系统和规范化的条件和方法进行控制和管理，以确保药品的质量。

药物制剂生产过程是在GMP指导下，进行药品生产各规范单元操作的有机联合作业过程。

1. GMP 对厂房、设备、设施的基本要求

（1）厂址选择及总体规划布局　厂址宜选在自然环境好、水质符合要求、污染小、动力供应有保证的区域，设置有洁净室（区）的厂房与交通主干道间距宜在 50 米以上。厂区、行政生活区和辅助区的总体布局应合理，不得互相干扰。

（2）生产厂房布局及设施要求　厂房按生产工艺流程及所要求的洁净级别进行合理布局，人流物流协调，工艺流程协调，互无交叉干扰；应配备足够面积的生产辅助用室；厂房设施应有人员与物料净化系统、防尘防虫装置、缓冲设施等。

（3）制剂生产设备　设备的设计、选型、安装应符合生产要求，易于清洗、消毒或灭菌，便于生产操作和维修、保养，并能防止差错和减少污染。

2. GMP 对生产卫生的要求

（1）生产操作间卫生　生产操作间应保持清洁，药品生产洁净室（区）的空气洁净度分为四个级别：A 级、B 级、C 级、D 级，针对各洁净级别的具体要求制定相应清洁标准。洁净室环境应定期监测，并定期对空气滤过器进行清洁。

（2）物料卫生　物料进入洁净室（区）必须经过一定净化程序，包括脱包、传递和传输。

（3）人员卫生　人是药品生产中最大的污染源和最主要的传播媒介。进入洁净室（区）的人员必须经过净化。

3. GMP 与生产过程管理

（1）生产管理文件　包括生产工艺规程、岗位操作法、标准操作规程（SOP）、生产管理记录。生产管理记录包括岗位操作记录、批生产操作记录、批包装记录及清场记录等。各种记录必须按要求进行管理，使生产过程有据可查，并可进行技术分析。

（2）生产过程技术管理　生产过程技术管理包括：工艺技术管理、批号管理、中间站管理、生产记录管理、包装管理、不合格品管理、物料平衡检查、清场管理等。生产全过程必须严格执行生产工艺规程、岗位操作法或 SOP，不得任意更改。

第二节　药物制剂新技术

一、固体分散技术

1. 概述

固体分散技术是固体药物分散在固体载体中的新技术。通常是一种难溶性药物以分子、胶态、微晶或无定形状态，分散在另一种水溶性载体材料中形成的固体分散体系。

由于难溶性药物的生物利用度较低，采用药物微粉化和固体分散技术，可以增加难溶性药物的分散度及表面积，加大了药物的溶解度和溶出速度，提高了生物利用度。

固体分散体不仅有速效作用，而且具有一定的缓释、控制和靶向释药作用。如可溶性药物采用难溶性或肠溶性载体材料制成的固体分散体。

2. 固体分散体的载体材料

（1）水溶性载体材料

① 聚乙二醇类（PEG），如 PEG4000 和 PEG6000。

② 聚维酮类（PVP）。

③ 表面活性剂类，如泊洛沙姆和卖泽，大多为含聚氧乙烯基的表面活性剂。

④ 其他类，如有机酸类、糖类、醇类等。

（2）难溶性载体材料

① 纤维素类，如乙基纤维素（EC），其载药量大、稳定性好、不易老化。

② 聚丙烯酸树脂类，如含聚丙烯酸树脂的 Eudragit（包括 E、RL、RS 等），广泛用于制备缓释型固体分散体。

③ 其他类。

（3）肠溶性载体材料

① 纤维素类。羟丙基甲基纤维素酞酸酯（其商品有两种规格：HP-50、HP-55）、醋酸纤维素酞酸酯（CAP）、甲基乙基纤维素，可用于制备在胃中不稳定药物的固体分散体，使其在肠道释放并吸收。

② 聚丙烯酸树脂类。常用 Eudragit L100 和 Eudragit S100，分别相当于国内的Ⅱ号及Ⅲ号聚丙烯酸树脂。

3. 常用的固体分散体技术

固体分散体常用制备方法有：

① 熔融法；

② 溶剂法；

③ 溶剂-熔融法；

④ 溶剂-喷雾（冷冻）干燥法；

⑤ 其他法，如研磨法、双螺旋挤压法。

药物微粉化主要采用机械粉碎法和微粒结晶法。机械粉碎法要达到微粉化，必须使用流能磨和气流粉碎，可得到 $5\mu m$ 以下的微粉。

二、包合技术

1. 概述

包合技术指一种分子被包嵌在另一种分子的空穴结构内形成包合物的技术。包合物由主分子和客分子组成，主分子具有较大的空穴结构，可以将小分子容纳在内，形成分子囊；被包合在主分子内的小分子物质称为客分子。

一般将需要包合的药物作为客分子，药物通过包合，可以起到以下作用：

① 增加溶解度，提高稳定性；

② 掩盖药物的不良臭味，降低毒副作用；

③ 防止挥发性药物挥发；

④ 液体药物粉末化；

⑤ 调节释药速度及提高生物利用度。

包合物可进一步加工成其他剂型，如片剂、胶囊剂、注射剂等。

2. 包合材料

包合物的主分子也称为包合材料，目前常用的包合材料是环糊精（CD）及其衍生物。

环糊精由 6 个、7 个或 8 个葡萄糖构成，分别称为 α-CD、β-CD、γ-CD，环糊精具有中空圆桶形结构，能容纳其他形状和大小适合的分子或基团并嵌入空穴中。三种环糊精的空穴内径及物理性质有较大差异，其中 β-CD 空穴大小适中、毒性较低、水中溶解度最小、易从水中析出结晶，是药物制剂中最常用的天然包合材料。

3. 常用的包合技术

常用的包合技术有：

① 饱和溶液法，也称为重结晶法或共沉淀法；

② 研磨法；

③ 冷冻干燥法；

④ 喷雾干燥法。

> **实例解析**

饱和水溶液法制备吲哚美辛-β-CD 包合物

吲哚美辛 1.25g 加 25ml 乙醇溶解→滴入 500ml 75℃的 β-CD 饱和水溶液→搅拌 30min，停止加热→继续搅拌 5h→白色沉淀→静置 12h→滤过、干燥→得包合率在 98％以上的包合物。

三、微型包囊技术

1. 概述

微型胶囊简称微囊，系利用天然或合成的高分子材料（囊材）作为囊膜壁壳，将固体或液体药物（囊心物）包裹成药库型微小胶囊。将药物制成微囊的过程称为微型包囊技术（微囊化）。药物采用微囊化技术，可以提高药物的稳定性，掩盖不良气味，防止药物在胃内失活或减少对胃的刺激性，同时还可使药物具有缓释、控释或靶向作用。

2. 囊心物与囊材

囊心物可以是固体或液体药物，除主药外还可加入附加剂，如稳定剂、稀释剂及控制释放速度的阻滞剂或促进剂。

常用的囊材可分为三大类：

① 天然的高分子囊材：无毒、成膜性好、较稳定，有明胶、阿拉伯胶、海藻酸盐等。

② 半合成的高分子囊材：如纤维素衍生物类。

③ 合成的高分子囊材：分为生物降解和生物不降解两类。

3. 微囊化方法

微囊制备方法可归纳为物理化学法、物理机械法和化学法三类。

（1）物理化学法　又称相分离法，已成为药物微囊化的主要工艺之一，其微囊化步骤可分为囊心物的分散、囊材的加入、囊材的沉积和固化四步。相分离法又分为单凝聚法、复凝聚法、溶剂-非溶剂法、改变温度法和液中干燥法。

> **实例解析**

单凝聚法制备微囊

将药物加到明胶溶液中制成混悬液或 O/W 乳浊液→加 10% 醋酸调 pH3.5～3.8→加入凝聚剂 Na_2SO_4 溶液→凝聚囊→加入稀释液（体积为凝聚囊系统的 3 倍）→沉降囊→冷至 15℃ 以下加 37% 甲醛溶液作为交联剂→20%NaOH 调 pH8～9→固化囊→水洗至无甲醛。

（2）物理机械法　物理机械法有喷雾干燥（凝结）法、空气悬浮法等。

（3）化学法　化学法有界面缩聚法和辐射交联法。

四、脂质体的制备技术

1. 脂质体的概念和特点

脂质体是将药物包封于类脂质双分子层形成的薄膜中间所得的超微型球状载体，其膜材主要由磷脂和胆固醇构成，根据其结构和所包含的双层磷脂膜层数，分为单室脂质体和多室脂质体。

脂质体是一种新型的药物载体，具有包裹脂溶性和水溶性药物的特性。载药后的脂质体具有以下特点：

① 靶向性：载药脂质体可被巨噬细胞作为异物而吞噬，选择性地浓集于单核吞噬细胞系统，70%～89% 集中于肝、脾。

② 缓释性。

③ 降低药物毒性。

④ 提高药物稳定性。

2. 脂质体的制备方法

脂质体常用的制备方法有：

① 薄膜分散法；

② 逆相蒸发法；

③ 冷冻干燥法；

④ 注入法；

⑤ 超声波分散法。

3. 脂质体的修饰

脂质体在体内主要分布到网状内皮系统的组织与器官中，为提高脂质体的主动靶向性，对脂质体表面进行了多种修饰，如长循环脂质体、免疫脂质体、糖基脂质体、温度敏感脂质体、pH 敏感脂质体等。

五、纳米囊与纳米球的制备技术

1. 纳米囊的概念和特点

纳米粒是由高分子物质组成的骨架实体，药物可以溶解、包裹于其中或吸附在实体上，纳米粒可分为骨架实体型的纳米球和膜壳药库型的纳米囊。

纳米囊（球）作为新一代药物载体，其特性在于：

① 易于实现靶向给药，由于药物与纳米囊（球）结合后，可隐藏药物的理化性质，因此其体内过程依赖于载体的理化特性；

② 纳米囊（球）对肝、脾或骨髓等部位具有靶向性，对肿瘤组织有生物黏附性；

③ 制成口服制剂，可防止蛋白质多肽类药物在消化道的失活；

④ 作为黏膜给药的载体，可延长和提高疗效。

2. 纳米囊（球）的制备方法

纳米囊（球）的制备方法有：

① 乳化聚合法；

② 天然高分子凝聚法；

③ 液中干燥法；

④ 自动乳化法。

习 题

一、单选题

1. 下列关于脂质体的叙述错误的是（ ）。

A. 脂质体具有靶向性

B. 不易聚集于肝、脾等网状内皮系统丰富的组织

C. 脂质体是用于抗癌药物较理想的载体制剂

D. 脂质体是由磷脂和胆固醇组成的类脂质双分子层结构

2. 下列不具有靶向作用的制剂是（　　　）。

A. 缓释制剂　　　　B. 纳米囊　　　　C. 脂质体　　　　D. 纳米球

3. 脉冲式给药系统属于（　　　）。

A. 第二代制剂　　　B. 第三代制剂　　　C. 第四代制剂　　　D. 第五代制剂

4. 下列有关包合物的叙述错误的是（　　　）。

A. 增加溶解度，提高稳定性

B. 掩盖药物的不良臭味，降低毒副作用

C. 最常见的包合物主分子是环糊精

D. 被包合的小分子物质称为主分子

5. 根据药典或国家药政部门批准的质量标准，将原料药物按某种剂型制成的具有一定规格的药剂，称为（　　　）。

A. 剂型　　　　　　B. 药物制剂　　　　C. 新药　　　　　D. 方剂

二、多选题

1. 我国 GMP 把空气洁净度划分为哪几个等级？（　　　）

A. A 级　　　　　　B. B 级　　　　　　C. C 级　　　　　　D. D 级

2. 下列按 GMP 规定属于生产管理文件的是（　　　）。

A. 生产工艺规程　　B. 岗位操作法　　　C. 标准操作规程　　D. 清场记录

三、判断题

1. （　　　）利用固体分散体技术制备的制剂均具有速效作用。

2. （　　　）药物制剂生产过程是在 GMP 指导下药品生产的各种规范操作单元有机联合作业的过程。

3. （　　　）药物制剂工艺主要是研究药物剂型与制剂理论的一门学科。

4. （　　　）环糊精包合物最常用的是 β-CD。

5. （　　　）相分离法是药物微囊化的主要工艺之一。

四、简答题

1. 简述药物制剂工艺的定义。

2. 简述原料药物和药品的区别和联系。

3. 简述药物剂型的发展历程。

4. 简述药物制剂有哪些新技术。

5. 简述纳米囊与纳米球的制备技术。

6. GMP 对药物制剂生产有何指导意义？

7. 简述纳米粒的概念和分类。

8. 简述微囊制备方法有哪些。

9. 常见的固体分散体的载体材料有哪些？

10. 常用的包合技术有哪些？

第八章

片剂生产工艺

📶 知识目标

1. 了解片剂的概念、特点;
2. 熟悉片剂常用辅料的作用、种类及各自特点;
3. 掌握片剂生产原辅料的准备和处理技术;
4. 了解片剂生产车间的设计原则和技术要求;
5. 掌握常见片剂生产工艺特别是湿法制粒工艺及包衣技术;
6. 掌握片剂生产工艺及压片过程中可能出现的问题及原因分析。

📷 技能目标

1. 能够查阅资料,熟练说出分散片、缓释片、控释片、肠溶片、包衣片、多层片等不同片剂的特点;
2. 能够熟练说出常用的填充剂、润湿剂、黏合剂、崩解剂和润滑剂及其各自特点;
3. 熟练掌握粉碎、过筛及混合岗位操作;
4. 能够熟练说出常见的湿法制粒方法与设备;
5. 能够小组合作完成复方阿司匹林片的制备。

💡 思政素质目标

培养学生按章操作、质量第一的职业素养;牢固树立"敬业、专注、创新、精益求精"的工匠精神,培养学生团结合作的精神。

第一节　片剂概述

一、片剂的概念与特点

1. 片剂的概念

片剂指药物与适宜的辅料混合均匀后，通过制剂技术压制的圆形或异形的片状固体制剂。

2. 片剂的特点

片剂是现代药物制剂中应用最广泛的剂型之一，主要有以下特点：

① 剂量准确，含量均匀。

② 化学稳定性好。因体积小、致密性高，所以受外界空气、光线、水分影响较小。

③ 携带、运输、服用均较方便。

④ 生产机械化、自动化程度高，产量大，生产成本较低。

⑤ 种类多，应用广。如分散片、缓释片、控释片、肠溶片、包衣片、多层片等，能满足临床不同的需要。

但片剂也有不足之处：

① 婴幼儿和昏迷患者不易服用；

② 溶出度和生物利用度低；

③ 久贮后片剂挥发性成分含量下降等。

二、片剂的辅料

片剂中常用的辅料包括填充剂、润湿剂、黏合剂、崩解剂和润滑剂。

> **课堂互动**

在制备片剂中为什么要加入辅料？其有何作用？

1. 填充剂

填充剂亦称为稀释剂，主要作用是增加片剂的重量或体积。当药物的剂量小于 100mg 时，加入填充剂有利于成型。

常用的填充剂有：

（1）淀粉、糖粉、糊精　淀粉、糖粉、糊精可适当配合使用。

（2）乳糖　乳糖压成的片剂表面光洁、可压性好，是优良的填充剂。

（3）微晶纤维素　本品具有较强的结合力与良好的可压性，有"干黏合剂"之称，可用于粉末直接压片。

（4）可压性淀粉　可压性淀粉是多功能辅料，常用于粉末直接压片。

（5）糖醇类　甘露醇、赤藓糖，在口腔溶解时吸热，有凉爽感，适合于咀嚼片和口腔速溶片。

2. 润湿剂与黏合剂

（1）润湿剂　润湿剂指本身没有黏性，但能诱发待制粒物料的黏性，有利于制粒的液体。

常用的润湿剂有蒸馏水和30％～70％乙醇，随着乙醇浓度的增大，润湿后所产生的黏性降低。

（2）黏合剂　黏合剂指对无黏性或黏性不足的物料给予黏性，从而使物料聚结成粒的辅料。常用的黏合剂有：

① 淀粉浆，常用浓度为8％～15％。

② 纤维素衍生物，如羟丙基甲基纤维素（HPMC）、羟丙基纤维素（HPC）、羧甲基纤维素钠（CMC-Na）等。

③ 聚维酮（PVP）。

④ 其他类，如明胶、聚乙二醇（PEG）等。

课堂互动

常用的黏合剂主要有哪些？

3. 崩解剂

崩解剂是促使片剂在胃肠液中迅速碎裂成细小颗粒的辅料。

常用的崩解剂有：

① 干淀粉，是经典的崩解剂，适用于水不溶性或微溶性药物。

② 羧甲基淀粉钠（CMS-Na），性能优良，吸水后膨胀率为300％，是片剂中优良的崩解剂。

③ 低取代羟丙基纤维素（L-PHC）具有很大的空隙率和比表面积，近年来国内应用较多，其吸水膨胀率为500％～700％，崩解后颗粒细小利于溶出。

④ 泡腾崩解剂，用于泡腾片的制备，常用的酸碱系统是由碳酸氢钠与枸橼酸组成的混合物。

⑤ 交联羧甲基纤维素钠（CCNa）、交联聚维酮（PVPP）等。

知识链接

崩解剂的加入方法有三种：内加法、外加法和内外加法。

崩解速率：外加法＞内外加法＞内加法。

溶出速率：内外加法＞内加法＞外加法。

课堂互动

泡腾片的崩解机理是什么？包装贮存时应注意什么问题？

4. 润滑剂

广义的润滑剂包括三种料即助流剂、抗黏剂、润滑剂（狭义）。目前常用的润滑剂主要有以下几种：

（1）硬脂酸镁 硬脂酸镁是优良的润滑剂，由于其疏水性，用量过多会使片剂崩解迟缓；另外硬脂酸镁呈弱碱性，会影响某些药物的稳定性。

（2）微粉硅胶 为优良的助流剂，使粉末直接压片。

（3）滑石粉 助流性好，附着力差且密度大，压片时因机械振动而与颗粒分离，故一般不单独使用。

（4）氢化植物油。

（5）水溶性润滑剂 如 PEG400 和 PEG6000、月桂醇硫酸钠等。

第二节 片剂生产原辅料的准备和处理

一、粉碎

1. 开路粉碎与循环粉碎

开路粉碎是在连续把粉碎物料供给粉碎机的同时不断从粉碎机中把已粉碎的细物料取出的操作，适合于粗碎或粒度要求不高的粉碎。

循环粉碎是经粉碎机粉碎的物料通过筛子或分级设备使粗颗粒重新返回到粉碎机反复粉碎的操作，适合于粒度要求比较高的粉碎。

2. 闭塞粉碎与自由粉碎

闭塞粉碎是在粉碎过程中，对已达到粉碎要求的粉末不能及时排出而继续和粗粒一起重复粉碎的操作。这种操作，能耗较大，常用于小规模的间歇操作。

自由粉碎是在粉碎过程中，对已经达到粉碎粒度要求的粉末能及时排出而不影响粗粒继续粉碎的操作。

3. 干法粉碎与湿法粉碎

在药品生产中多采用干法粉碎。

湿法粉碎是指在药物中加入适量的水或其他液体进行研磨的粉碎技术，又称加液研磨法。

4. 单独粉碎与混合粉碎

氧化性药物与还原性药物必须单独粉碎，贵重、剧毒和刺激性药物为了减少损耗，亦应单独粉碎。

5. 低温粉碎

低温时脆性增加，易于粉碎。

二、粉碎设备

1. 研磨式粉碎机械

如球磨机、胶体磨。球磨机系不锈钢或瓷制的可转动的圆柱形筒，内装一定数量和大小不等的钢球或瓷球，其粉碎效果取决于转速、圆球大小、重量、数量等。

2. 机械式粉碎设备

以机械方式进行粉碎的机器，如齿式粉碎机、涡轮式粉碎机、柴田粉碎机等。

3. 气流式粉碎机械

如流能磨，系利用高速弹性流体使药物的颗粒之间以及颗粒与室壁之间发生碰撞而产生强烈的粉碎作用。

4. 低温式粉碎机械

如低温粉碎机，其由料仓、机械粉碎机、引风机、旋风器、振动筛、液氮罐等组成。低温粉碎机系统以液氮为冷源，被粉碎物料通过冷却在低温下实现脆化易粉碎状态后进入机械粉碎机腔体内，通过叶轮高速旋转，在物料与叶片、齿盘及物料与物料之间的相互反复冲击、碰撞、剪切、摩擦等综合作用下，达到粉碎效果。被粉碎后的物料由气流筛分机进行分级并收集；没有达到细度要求的物料返回料仓继续粉碎，冷气大部分返回料仓循环使用。

三、过筛

药筛也称标准药筛，是按药典规定全国统一用于药剂生产的筛子，实际生产中也常使用工业用筛。

药筛按其制作方法可分为编织筛与冲眼筛两种。编织筛的筛网由不锈钢丝、尼龙丝、铁丝、绢丝等编织而成，使用时筛线易于移位；冲眼筛系在金属板上冲压出圆形或多角形的筛孔，这种筛坚固耐用，孔径不易变动。

常用的过筛设备有摇动筛、旋转筛、振动筛。

工业用筛是以"目"来表示筛子的规格及粉末的粗细，"目"多以每英寸（1 英寸＝2.54cm）长度上含有多少孔来表示，目数越大筛孔越细。

标准药筛按药典规定，是以筛孔的内径大小（m）为依据，规定九种药筛号，一号筛的孔径最大，依次减小，九号筛的孔径最小。

四、混合

混合的方法与设备有：

① 混合筒混合；

② 搅拌混合；

③ 研磨混合；

④ 过筛混合。

五、粉碎、过筛及混合岗位操作法

粉碎、过筛及混合是制剂生产中最基本的单元操作，均需严格按 GMP 生产过程管理，基本流程要求如下：生产前准备→SOP 岗位操作→清场→填写记录。

1. 生产前准备

① 核对《清场合格证》并确定在有效期内，取下，换上"正在生产"状态牌；

② 检查设备、容器及用具是否洁净、干燥；

③ 对所用设备进行试运行，确认设备状况正常；

④ 领取物料，并复核物料卡上内容与生产指令是否相符。

2. SOP 岗位操作

按设备 SOP 及岗位操作法操作。

（1）粉碎　开机并调节转速或进风量，均匀加入待粉碎物料（不可加入物料后开机），完毕收集物料并填好物料卡，交下一工序。

（2）过筛　安装筛网并连接接收布袋，检查密封性后开机，均匀加入物料，完毕收集物料，检测合格后填好物料卡，交下一工序。

（3）混合　启动设备空转运行，待声音正常后停机，加料，混合操作，混合完毕，填写物料请验单，由化验室检测后，交中间站。

3. 清场

生产结束，停机，换上"待清洁"状态标志，进行清场。清场包括文件清理、物料清理与用具清理三方面。

① 按《清场管理制度》《容器具清洁管理制度》《洁净区清洁规程》及所用设备清洗程序等，搞好清场和清洗卫生；

② 清场结束，填写清场记录，上报质量保证人员（QA），待检查合格后挂《清场合格证》。

4. 填写记录

填写原始记录、批记录，如粉碎工序生产记录、筛分工序生产记录、混合工序生产记录及清场记录等。

第三节　片剂车间工艺设计

一、片剂生产车间的设计原则和技术要求

按 GMP 规范，片剂生产车间应遵循以下设计原则和技术要求。

1. 车间平面布置

一般固体制剂车间生产类别为丙级，耐火等级为二级。

整个车间主要出入口分三处：人流出入口、原辅料出入口、成品出口，要做到人流物流协调，工艺流程协调，互无交叉干扰。

《建筑设计防火规范（2018 年版）》(GB 50016—2014) 将工厂火灾危险性分为甲、乙、丙、丁、戊五类，将工厂建筑物构件的耐火等级分为一至四等，一级耐火要求最高。

2. 车间、设备产尘的处理

固体制剂车间的特点是产尘较多、产尘量大。如粉碎、过筛、制粒、干燥、整粒、总混、压片、充填等岗位及相关设备均需设计必要的捕尘、除尘装置。

在容易产尘的操作间要设置操作前室，前室相对产尘间为正压，产尘间保持相对负压，避免污染。

3. 洁净区的要求

应有洁净走廊和安全门的设置。对于设有特殊工艺要求的固体制剂车间，洁净区多按照 D 级设置，温度 18～26℃，相对湿度 45%～65%，空气洁净级别不同的相邻房间之间的静压差应大于 5Pa，洁净室（区）与室外大气的静压差应大于 10Pa。

4. 操作人员与物料的净化

操作人员必须严格遵守岗位操作法及 SOP，进入洁净室可经下列程序：

换鞋→脱外衣→洗手→穿洁净工作服（包括工作帽、口罩）→手消毒→气淋室→洁净区

物料的净化程序：

脱外包(外包装清洁、消毒)→缓冲室（传递窗）→洁净室

5. 车间排热、排湿及臭味的处理

片剂生产中如配浆、干燥、容器清洗等散热、散湿量大的岗位，铝塑包装机产生的焦臭味等，需设置排气、排风装置。

洗手、消毒标准操作：用手肘弯推开水开关→水冲洗双手掌到腕上 5cm 处→双手触摸清洁剂后相互摩擦约 10 秒，使手心、手背及手腕上 5cm 处充满泡沫→水冲至所有带泡沫皮肤直至不滑腻为止→用手腕推关水开关→在电热烘手机下约 8～10cm 处烘干→双手置消毒液自动喷雾器下 10cm 处，使消毒液均匀喷于双手→挥动双手自然挥干。

二、用于压片的物料的特点

用于压片的物料必须具备的三大要素是：良好的流动性、压缩成型性和润滑性。

1. 良好的流动性

使流动、充填等粉体操作顺利进行，可减小片重差异。

2. 良好的压缩成型性

使物料受压易于成型，不出现裂片、松片等不良现象。

3. 良好的润滑性

可保证片剂不粘冲，得到完整、光洁的片剂。

第四节　湿法制粒的生产工艺

按制备工艺，片剂的制备方法分为四类：湿法制粒压片法、干法制粒压片法、粉末（结晶）直接压片法、半干式颗粒（空白颗粒）压片法。

一、湿法制粒压片法

湿法制粒压片是医药工业中应用最广泛的方法，其工艺流程如图 8-1 所示。

二、湿法制粒方法与设备

1. 挤压制粒

系将药物与辅料混合均匀后加入黏合剂制软材，然后将软材用强制挤压的方式通过一定大小的筛孔而制粒的方法。

挤压制粒是传统的制粒方法，在挤压制粒过程中，制软材是关键步骤，然而软材的质量与制得的湿颗粒质量往往靠经验来控制，软材以"握之成团，按之即散"为准，可靠性与重现性较好。

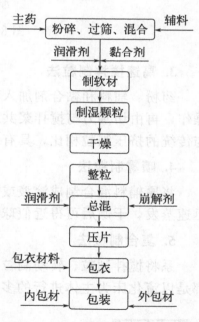

图 8-1　湿法制粒压片工艺流程

这类制粒的设备有摇摆式挤压制粒机、螺旋挤压制粒机等。一般软材通过一次筛网制粒，若制得的颗粒细粉较多、呈条状或色泽不均，可采用多次过筛制粒。

2. 流化床制粒

流化床制粒机如图 8-2 所示，是使药物粉末在自下而上的气流作用下保持悬浮的流化状态，黏合剂液体喷入流化层使粉末聚结成颗粒的方法。由于在一套设备内可完成混合、制粒与干燥的操作，所以又称"一步制粒"。这种方法制得的颗粒大小均匀、外形圆整、流动性好，又可密闭操作，但处方中若含有密度差异大的组分，可能会造成片剂含量不均匀。

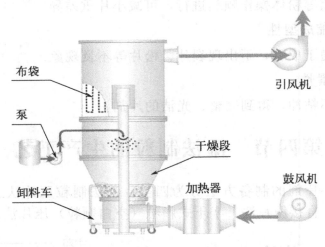

图 8-2   流化床制粒机的示意图

3. 高速搅拌制粒法

药粉、辅料和黏合剂加入容器后，靠高速旋转的搅拌桨的作用迅速完成混合操作，再由切割刀与搅拌桨共同切割、挤压、滚动而形成致密均匀的颗粒。该法与传统的挤压制粒相比，具有省工序、快速、操作简单等优点。

4. 喷雾制粒法

将原辅料混合制成溶液或混悬液，使在热气流中雾化形成细微的液滴，水分迅速蒸发，干燥后可得近似球形的细小颗粒。

5. 复合制粒法

系将搅拌制粒、转动制粒、流化床制粒等多种技术结合在一起的方法，一般都是以流化床为主体进行的多种组合。

◁ 课堂互动

湿法制粒压片中为什么要将粉末状药物制成颗粒后才压片？

三、干燥

片剂颗粒的干燥设备以空气为干燥剂的多见，如烘箱、烘房，干燥时可溶性成分的迁移现象明显，也常用流化床（沸腾）干燥、远红外干燥和微波干燥等设备，流化床（沸腾）干燥可减少颗粒间迁移现象。

一般干颗粒的含水量为1%～3%，细粉量控制在20%～40%之间，松紧度适宜。

可溶性成分的迁移：是在干燥过程中，物料内可溶性成分随着水分的扩散而迁移至外表面的现象，迁移可发生在颗粒内或颗粒间，迁移的结果会大大影响含量均匀度，如可溶性成分有色还会导致色斑。

四、整粒与总混

整粒的目的是使干燥过程中发生粘连、结块的颗粒分散开，一般采用过筛的方法进行整粒，所用筛孔要比制粒时的稍小一些。整粒后，向颗粒中加入润滑剂和外加的崩解剂，置V型混合筒内进行"总混"。润滑剂加入前一般应过100目以上的筛。

处方中如含有挥发油或挥发性药物，挥发油可加在润滑剂与颗粒混合后筛出的部分细粉中，或直接加在从干颗粒筛出的部分细粉中进行吸收，再与全部干颗粒总混。挥发性固体药物可用少量乙醇溶解，喷入干颗粒中密闭数小时，使渗透均匀。

五、压片

1. 片重计算

（1）按主药含量计算片重　由于药物在压片前需经过一系列操作，其含量会有一定的损失，故压片前应对颗粒中主药的实际含量进行测定，然后按下式计算：

片重＝每片含主药量(标示量)/颗粒中主药的百分含量(实测量)

（2）按干颗粒总重计算　大生产时根据生产中的损耗适当增加投料量，此时片剂的片重计算，或成分复杂的中药片剂的片重计算，均可按下式计算：

片重＝(干颗粒重＋压片前加入的辅料重)/预定的应压总片数

2. 压片过程

以单冲压片机为例，其压片过程分为填料、压片、出片三个步骤。

3. 压片机

（1）单冲压片机　主要由转动轮、饲料器、调节装置及压缩部件组成，压片时，靠上冲撞击加压，所以震动噪声大、压力分布不均匀，易出现裂片、松片，一般仅适用于小试。

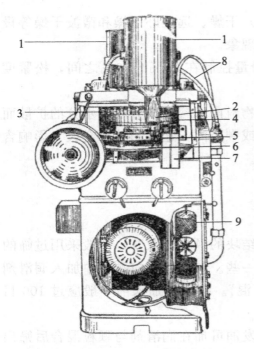

图 8-3 旋转式压片机结构示意图

1—加料斗；2—饲料管；3—上冲；
4—上冲转盘；5—模型转盘；
6—下罩盖（下罩内有下冲转盘）；
7—出片处；8—吸尘管；
9—集尘袋

（2）旋转式压片机 旋转式压片机结构示意如图 8-3 所示。

旋转式压片机有多种型号，按冲数分有 16 冲、19 冲、27 冲、33 冲、55 冲、75 冲等。按流程分有单流程和双流程，单流程仅有一套上下压轮，旋转一周仅压出一个药片；双流程有两套压轮、饲粉器、刮粉器、片重调节器和压力调节器，均装于对称位置，中盘转动一周，每副冲压制两个药片。

旋转式压片机的饲粉方式合理、片重差异小；由上、下冲同时加压，压力分布均匀；生产效率高。

（3）异型冲压片机 将颗粒状物料压制成圆形或其他各种形状的片剂，适用于医药、食品、化工等行业。异型冲压片机采用冲床结构，冲模上下行程大，加料、厚度、压力均可调节，耗电少，产量高，操作简单。

（4）真空压片机 其特点是真空操作，可排出压片前粉末中的空气，有效防止了压片时的顶裂现象，另外还可以提高片剂硬度，降低压缩压力，更适用于充填性较差物料的压片。

（5）全自动压片机 其特点是转速快、产量高、片剂质量好，压片时采用双压（预压和主压）。该机的自动控制系统、自动数据处理系统等可有效地自动管理片剂的生产过程。

4. 压片过程中可能出现的问题和原因分析

压片过程中出现的问题归纳起来主要有：处方因素、生产工艺因素、机械设备因素等。

现将可能出现的问题及原因分析归纳于表 8-1。

表 8-1　压片过程中可能出现的问题和原因分析

出现的问题	原因分析
裂片	① 压力分布不均匀； ② 物料压缩成型性差，弹性回复大； ③ 颗粒细粉过多； ④ 黏合剂选择不当； ⑤ 压力过大或车速过快等

出现的问题	原因分析
松片	① 弹性回复大,压缩成型差; ② 颗粒质松,细粉多; ③ 压力不足或冲头长短不齐
粘冲	① 颗粒不够干燥或较易吸湿; ② 润滑剂选用不当或用量不足; ③ 冲头表面粗糙或有刻字
片重差异超限	① 颗粒大小不均匀或细粉太多; ② 颗粒流动性差; ③ 加料斗内颗粒时多时少; ④ 冲头冲模吻合不好,下冲升降不灵活等
崩解迟缓	① 崩解剂选用不当或用量不足; ② 润滑剂用量过多; ③ 黏合剂黏性太强,颗粒过硬; ④ 压力过大,片剂过硬
溶出超限	① 颗粒过硬,片剂不崩解; ② 药物溶解度较小
含量均匀度超限	① 主药和辅料混合不均匀; ② 可溶性成分迁移; ③ 所有引起片重差异超限的原因
变色与色斑	① 颗粒过硬,混料不匀; ② 接触金属离子; ③ 压片机油污
迭片	① 出片调节器不当; ② 上冲粘片; ③ 加料斗故障
卷边	冲头与模圈碰撞

六、包装

1. 包装材料和容器

　　药品的包装分为内包装、中包装和外包装,目前常用的包装材料有玻璃、塑料、金属、纸及复合材料等。片剂的包装除了使用传统的玻璃瓶外,大多数采用泡罩包衣、双铝箔包衣、冷冲压成型包衣、塑料瓶（聚乙烯、聚丙烯、聚酯）包装。直接接触药品的包装材料和容器（包括油墨、胶黏剂衬垫、填充物等）必须无毒,与药品不发生化学反应,不发生组分脱落或组分迁移到药品当中,必须符合药用要求,符合保障人体健康、安全的标准并由药品监督管理部门在审批药品时一并审批。

2. 包装设备

① 片剂瓶装设备。能完成理瓶、计数、装瓶、塞纸、理盖、旋盖、贴标签、印批号等工作，其中数片计数主要通过圆盘式计数和光电计数。

② 药用铝塑泡罩包装机。

③ 双铝箔自动充填热封包装机。

◁ 实例解析

复方阿司匹林片的制备

【处方】

项目	配料量	项目	配料量
乙酰水杨酸	2.68kg	16％淀粉浆	0.85kg
对乙酰氨基酚	1.36kg	轻质液体石蜡	0.025kg
淀粉	0.66kg	滑石粉	0.25kg
酒石酸	0.027kg	共制	10000 片
咖啡因	0.334kg		

【处方及工艺分析】

(1) 处方分析　对乙酰氨基酚、乙酰水杨酸、咖啡因为主药，淀粉浆为黏合剂，酒石酸为稳定剂，液体石蜡和滑石粉为润滑剂。

(2) 制备注意事项　①乙酰水杨酸遇湿、受热易水解成水杨酸和醋酸，因此，加入乙酰水杨酸量1％的酒石酸，能有效地减少乙酰水杨酸的水解。

② 金属离子能催化乙酰水杨酸的水解，因此采用尼龙筛制粒、整粒。

③ 乙酰水杨酸的可压性极差，制粒时应采用较高浓度的淀粉浆（15％～16％）作黏合剂。

④ 不得使用硬脂酸镁，因碱性物质会加速乙酰水杨酸的水解，应采用滑石粉作润滑剂。

⑤ 加入滑石粉量10％的液体石蜡，可使滑石粉更易吸附在颗粒表面，压片震动时不易脱落。

⑥ 为避免乙酰水杨酸直接与水和热接触，乙酰水杨酸可在整粒后加入。

⑦ 乙酰水杨酸具有一定的疏水性，必要时可加入适宜的表面活性剂以加快片剂的崩解和溶出。

【制法】

称取对乙酰氨基酚、咖啡因分别磨成细粉过 100 目筛后，与 1/3 量的淀粉混匀，加入淀粉浆制软材（10～15min），过 14 目尼龙筛制粒，湿粒在 70℃干燥，干颗粒过 12 目尼龙筛整粒，整粒后颗粒加入乙酰水杨酸和酒石酸混合均匀，加剩余的淀粉（预先在 100～105℃干燥）和吸附了液体石蜡的滑石粉，总混后，再过 12 目尼龙筛，颗粒经含量测定合格后，计算片重，用 12mm 冲压片。

第五节 其他制粒工艺

一、干法制粒压片法

干法制粒是将药物和辅料的粉末混合均匀、压缩成大片状或板状后，粉碎成所需大小的方法。其制备方法有压片法和滚压法。

二、粉末直接压片法

粉末直接压片法工艺流程如图 8-4 所示。

图 8-4 粉末直接压片工艺流程

可用于粉末直接压片的辅料主要有：微晶纤维素、可压性淀粉、喷雾干燥乳糖、微粉硅胶、磷酸氢钙二水合物等。这些辅料的特点是流动性好、压缩成型性好。

三、半干式颗粒压片法

半干式颗粒压片法是将药物粉末和预先制好的辅料颗粒（空白颗粒）混合进行压片的方法。该法适合于对湿热敏感不宜制粒且压缩成型性差的药物，也可用于含药较少的物料。

> **课堂互动**
>
> 对湿热敏感且剂量较少的药物，可采用哪些方法压片？

四、中药片剂的制备

中药片剂分为全粉末片、半浸膏片、浸膏片及有效成分片。

中药片剂的制法与化学药物片剂的制法大体相同，但由于中草药成分复杂，除含有有效成分外，还含有大量无效成分如淀粉、糖类、树胶、纤维素等。所以在制备中首先要经过提取和处理，在制粒、干燥等工艺方面也有一定的特殊性，在压片过程中应特别注意引湿、受潮、花斑、麻面、崩解超限等问题。

第六节 片剂的包衣

一、概述

片剂的包衣是指在片剂（片芯、素片）表面均匀地包裹上适宜材料的衣层。根据衣层材料的不同，包衣片分为糖衣片和薄膜衣片。糖衣由于耗时长、辅料用量多、易吸潮、片面上不能刻字等缺点，逐步被薄膜衣代替。

二、糖衣片生产工艺与包衣材料

糖衣片的生产工艺流程与包衣材料如图 8-5 所示。

三、薄膜衣片生产工艺与包衣材料

1. 薄膜衣片的生产工艺

薄膜衣包衣锅内应装入适当形状的挡板，以利于片芯转动与翻动，在包衣工序中，干燥温度最好不超过 40℃，以免出现"皱皮"或"起泡"现象；也不能干燥过慢，否则出现"粘连"或"剥落"现象。薄膜衣片的生产工艺流程如图 8-6 所示。

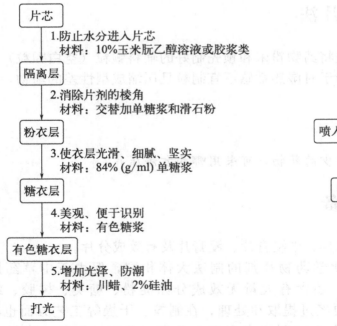

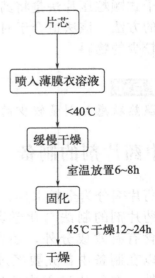

图 8-5　糖衣片的生产工艺流程与包衣材料　图 8-6　薄膜衣片的生产工艺流程

2. 薄膜衣的材料

薄膜衣的材料根据溶解性能不同分为胃溶型、肠溶型及不溶型三类。

（1）胃溶型包衣材料 主要为纤维素衍生物类，包括羟丙基甲基纤维素（HPMC）、羟丙基纤维素（HPC）等，HPMC是最常用的薄膜衣料，其成膜性能好，膜透明坚韧，包衣时没有黏结现象。

（2）肠溶型包衣材料 包括醋酸纤维素酞酸酯（CAP）、羟丙基纤维素酞酸酯（HPMCP）等。

（3）不溶型包衣材料 常用的有乙基纤维素（EC）等。

除上述高分子包衣材料外，在包衣过程中还需加入增塑剂、增光剂、着色剂、速度调节剂、固体物料和溶剂等。

四、包衣的方法与设备

1. 滚转包衣法

滚转包衣法是目前生产中最常用的方法，主要设备有普通包衣机、埋管包衣锅等。

（1）普通包衣机 也称荸荠型包衣机，是最传统的包衣机，如图8-7所示。主要构造有包衣锅、动力部分、加热、鼓风和吸尘四部分。其倾斜角度、转速、温度和风量均可随意调节。包衣锅轴与水平面夹角一般约为30°～45°，其转速控制在20～40r/min。

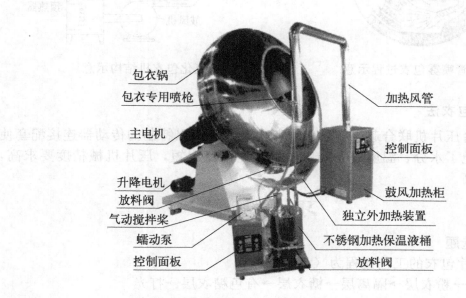

图 8-7 荸荠型包衣机结构示意图

荸荠型包衣锅为什么是倾斜的？为什么要求其转速要适宜？

（2）埋管包衣锅　埋管喷雾包衣过程如图 8-8 所示，在包衣锅底部装有埋管，输送包衣材料溶液、压缩空气和热空气。

2. 流化包衣法

流化包衣法亦称悬浮包衣法，包衣原理与流化喷雾制粒类似，此法包衣速度快、工序少、自动化程度高，整个过程在密闭容器内进行，原辅料损耗少，环境污染小，应用广泛。流化包衣机结构示意见图 8-9。

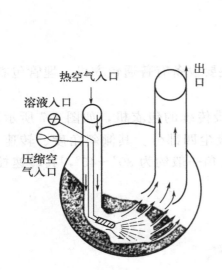

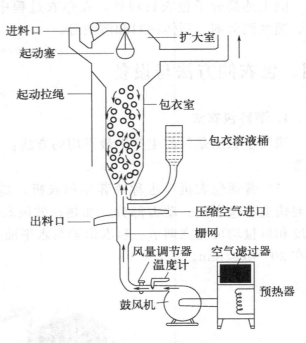

图 8-8　埋管喷雾包衣过程示意　　　图 8-9　流化包衣机结构示意

3. 压制包衣法

利用两台压片机联合起来压制包衣，两台压片机以特制的传动器连接配套使用。此法避免了水分、温度对药物的影响，生产流程短，压片机械精度要求高，自动化程度高。

习　　题

一、单选题

1. 糖衣片包衣的工艺流程为（　　　）。

A. 片芯→粉衣层→隔离层→糖衣层→有色糖衣层→打光

B. 片芯→糖衣层→粉衣层→有色糖衣层→隔离层→打光

C. 片芯→隔离层→粉衣层→糖衣层→有色糖衣层→打光

D. 片芯→隔离层→糖衣层→粉衣层→有色糖衣层→打光

2. 下列各选项中，片剂润滑剂的作用不包括（　　）。

A. 增加可压性　　　B. 抗黏附　　　C. 润滑　　　D. 增加助流性

3. 药物制粒后，压片的原因不包括（　　）。

A. 增加流动性　　　　　　　　　B. 增加可压性

C. 减少粘冲与粉尘飞扬　　　　　D. 减少片剂与模孔间的摩擦力

4. 适用于咀嚼片的填充剂是（　　）。

A. 甘露醇　　　B. 乳糖　　　C. 硬脂酸镁　　　D. 淀粉

5. 压片时造成粘冲的原因，表述错误的是（　　）。

A. 压力过大　　　　　　　　　B. 颗粒含水量过多

C. 冲头表面粗糙　　　　　　　D. 润滑剂用量不当

6. 下列有关片剂包衣说法不正确的是（　　）。

A. 包衣锅倾斜角度 30°～45°　　　B. 包衣锅转速 20～40r/min

C. 包衣可药物掩盖不良气味　　　D. 肠溶型薄膜衣料在胃中易溶

7. 下列选项中，（　　）是解决片重差异超限的措施。

A. 增加润滑剂用量　　　　　　B. 增加干淀粉用量

C. 降低压片机压力　　　　　　D. 使颗粒粗细均匀、大小一致

8. 下列有关片剂制备中可能发生的问题，叙述错误的是（　　）。

A. 颗粒细粉太多或大小相差悬殊会导致片重差异超限

B. 硬脂酸镁用量较大会导致崩解迟缓

C. 可溶性成分的"迁移"会造成片剂出现含量不均匀、花斑现象

D. 箱式干燥可避免"可溶性成分迁移"现象

9. 泡腾崩解剂的组成成分包括（　　）。

A. 枸橼酸和碳酸氢钠　　　　　B. L-羟丙基纤维素

C. 干淀粉　　　　　　　　　　D. 羧甲基淀粉钠

10. 片剂常用的胃溶性薄膜衣料是（　　）。

A. CAP　　　B. HPMC　　　C. L-HPC　　　D. PEG6000

二、多选题

1. 用于压片的物料必须具备的要素是（　　）。

A. 良好的流动性　　　　　　　B. 良好的润滑性

C. 良好的压缩成型性　　　　　D. 良好的崩解性

2. 旋转式压片机具有以下哪些优点？（　　）

A. 饲粉方式合理、片重差异小　　B. 由上、下冲同时加压

C. 上冲单侧加压　　　　　　　D. 压力分布均匀

3. 可用于粉末直接压片的优良辅料主要有（　　）。

A. 微晶纤维素　　　B. 糊精　　　C. 乳糖　　　D. 微粉硅胶

4. 片剂的辅料种类有（　　）。

A. 崩解剂　　　　　　　　　　B. 润滑剂

C. 黏合剂和润湿剂　　　　　　　　　D. 填充剂

5. 压片过程中出现的以下问题与黏合剂选择或用量有关的是（　　）。

A. 片重差异大　　　B. 崩解迟缓　　　C. 松片　　　　　D. 粘冲

三、判断题

1. （　　）在容易产尘的操作间要设置操作前室，前室相对产尘间应为负压。

2. （　　）GMP 规定片剂生产车间洁净区洁净级别应为 C 级，空气洁净级别不同的相邻房间之间的静压差应大于 10Pa。

3. （　　）整粒的目的是使颗粒更加圆整，增加流动性。

4. （　　）清场工序包括文件清理、物料清理与用具清理三方面。

5. （　　）半干式颗粒压片法适合于对湿热敏感不宜制粒及含药量较少的物料。

6. （　　）制备复方阿司匹林片宜采用尼龙筛制粒、整粒。

7. （　　）进入洁净区的物料如果外包装不能脱去，则允许直接进入缓冲室。

8. （　　）流能磨属低温粉碎器械。

9. （　　）制备复方阿司匹林片可用硬脂酸镁代替滑石粉作润滑剂。

10. （　　）高速搅拌制粒又称"一步制粒"。

四、简答题

1. 简述片剂的概念与特点。

2. 写出湿法制粒压片的生产工艺流程。

3. 简述常用的湿法制粒方法与设备。

4. 简述压片过程中出现片重差异超限的原因。

5. 简述压片过程中出现裂片的原因可能有哪些。

6. 简述糖衣片、薄膜衣片的包衣材料有哪些。

7. 常用的包衣方法有哪些？

8. 简述糖衣片的生产工艺流程。

空气洁净与灭菌

第九章

🌐 知识目标

1. 了解空气净化的要求及方法；
2. 了解空气过滤技术；
3. 熟悉并掌握洁净室的要求；
4. 掌握常用的灭菌方法。

🎯 技能目标

1. 熟练说出空气净化的要求及方法；
2. 结合实验室实际，熟练运用常用的灭菌方法。

💡 思政素质目标

培养学生"按章操作、质量第一"的职业素养；牢固树立"敬业、专注、创新、精益求精"的工匠精神。

第一节　空气的洁净度与过滤

为了保证临床用药安全有效，药品必须在洁净的、不被微生物污染的环境下生产，保证药品质量稳定、可长期贮存。药品被微生物污染，在适宜的条件下微生物会迅猛生长繁殖，如动物类、果实类、种子类、部分根茎类等中药中，含有大量的蛋白质、脂肪、糖、淀粉等多种细菌所需的营养成分，一些中药制剂中也含有蜂蜜、糖浆、蛋白质等物质，更利于细菌的繁殖。人体使用此类中药或中药制剂，轻者疗效降低或丧失，使人体产生各种不良反应，重者会产生对人体有害的毒素，甚至中毒死亡。因此，《中华人民共和国药品管理法》中规定，药品一旦变质，则列为假药，坚决不允许使用或回收再利用。可见，药品生产环境的洁净度与药品的质量是息息相关的。

> **知识链接**

什么是假药？什么是劣药？

《中华人民共和国药品管理法》（2019 修订版）第九十八条中规定，有下列情形之一的，为假药：

（一）药品所含成分与国家药品标准规定的成分不符；

（二）以非药品冒充药品或者以他种药品冒充此种药品；

（三）变质的药品；

（四）药品所标明的适应证或者功能主治超出规定范围。

有下列情形之一的，为劣药：

（一）药品成分的含量不符合国家药品标准；

（二）被污染的药品；

（三）未标明或者更改有效期的药品；

（四）未注明或者更改产品批号的药品；

（五）超过有效期的药品；

（六）擅自添加防腐剂、辅料的药品；

（七）其他不符合药品标准的药品。

我国《药品生产质量管理规范》（2010 年版）中的有关条款及《中华人民共和国药品管理法》《中华人民共和国药品管理法实施条例》等法律法规都对药品的生产环境、厂房、设备、人员等提出了具体要求，药品生产单位的生产区按照不同的生产需求分为一般区和洁净区，划分的依据主要为区域内的空气净化程度。一般区就是空气没有经过净化，如生产车间内的外包装岗位，车间内的空气不会对产品质量产生影响；而洁净区内空气必须进行净化处理，去除大量的悬浮粒子和微生物，在这样的条件下生产药品，产品质量才能得到保证。

一、空气洁净技术与应用

大气中悬浮着大量的微粒，如灰尘、煤烟、纤维、毛发、花粉、孢子、霉菌、细菌、真菌等，这些悬浮粒子是造成产品质量不符合要求的重要因素，如注射剂中一旦出现了微粒，就会对患者产生不良影响。因此，药品生产场所的空气必须采取适宜的措施，尤其是空气中的细菌等微生物，通常附着在大于 $5\mu m$ 的尘粒上。所以，生产中要尽量除去大于 $5\mu m$ 的尘粒，使空气得到净化。目前，常用的空气洁净技术一般分为非层流型空调系统和层流型空调系统。

1. 非层流型空调系统

非层流型空调系统的气流形式习称乱流，或紊流。

空气在室内的流动方向总体上是紊乱的，但仍是按照一定的方向流动的。这种空气净化方式要求较低，一般能达到 C 级或 D 级，通常对净化级别要求不高的生产采用这种净化方式。

一般非层流型空调系统的送风回风方式有顶送侧回、顶送顶回、侧送侧回等，在操作室的侧墙或上顶安装一个或几个高效空气滤过气的送风口，回风管安置在侧墙下部、顶墙或采用走廊回风，空气在室内的运动呈乱流状态。送入控制区、洁净区的空气必须经过一定的处理，分批分次地进行过滤净化。先将大气通过油浸玻璃丝滤器（或用 25mm 厚、400 孔/cm² 的聚氨酯泡沫塑料）除去尘埃和大部分细菌，再经过滤、喷淋洗涤、冷却、去湿或加湿、加热等操作，最后经油浸玻璃丝过滤器由鼓风机送入洁净区，这样使进入洁净区的空气的洁净度、温度、湿度符合洁净区的要求。操作室内的空气经回风管输送至回风室中循环使用，又从吸风口补充新鲜空气，按上述过程重复进行。

非层流型空调系统设备费用低、安装简单，但不易将空气中的尘粒除净，用尘埃粒子计数器测定，仍有多量的 $0.3 \sim 5.0\mu m$ 粒子存在。设计较好的装置可使操作室内的洁净度达到 C 级或 B 级标准。若要求更高的空气洁净度，应采用层流型空调系统。

2. 层流型空调系统

层流型空调系统自 20 世纪 60 年代至今有了很大发展。空气流动形式分为水平层流与垂直层流，是用高度净化的气流作载体，能够较完全地将操作室内产生的尘粒排出的空气净化方式。对需要严格控制空气中尘粒污染的操作岗位或无菌操作岗位采用层流洁净技术进行净化，可以有效地避免空气中悬浮粒子和微生物对产品的污染。目前，除生物医药产品生产过程中已广泛应用层流洁净技术外，电子产品、精密仪器的生产也采用该技术。

（1）层流型空调系统的特点　采用层流型空调系统净化的洁净室净化程度高，一般可达到 B 级或 A 级。与非层流净化技术相比，特点有：①悬浮粒子在层流净化系统中，保持层流运动，粒子不易聚结、蓄积和沉降；②室内空气处于不停的运动中，不会出现停滞现象；③外界空气经过净化，无悬浮粒子带入室内，达到无菌要求；④生产中产生的新悬浮粒子，由于空气的流速相对提高，很快被经过的气流带走，有自行除尘能力；⑤可避免不同药物粉末的交叉污染，保证产品的质量。

（2）水平层流洁净室　水平层流洁净室在一面墙上安装有高效空气过滤器（也可以是局部，但不得少于墙面的 30%），在对面墙上安装回风装置，经处理后的洁净空气沿水平方向均匀地从送风墙流向回风墙，空气的断面风速应控制在 0.25m/s 以上。洁净室内产生的粉尘颗粒可被水平流动的空气及时带走，保持洁净室内的洁净程度。水平层流洁净室的净化系统由送风机、静压箱和高效过滤器组成。回风墙的空气大部分经过预滤过器和高效空气滤过器过滤后再进入循环系统使用，少部分空气被排出循环系统。为保证整个空调系统内的气压稳定，保证洁净室内始终有新鲜空气，须在空调系统内及时补充新鲜空气，进入洁净室的新鲜空气必须经过净化处理。水平层流洁净室内保持相对正压。

（3）垂直层流洁净室　垂直层流洁净室的工作原理和水平层流洁净室相同。高效空气滤过器位于天棚上，洁净空气从天棚沿垂直方向均匀地流向地面回风格栅，断面风速应控制在 0.35m/s 以上。

（4）层流洁净工作台　在药品生产和实验研究过程中，有些小规模的操作，如注射剂的灌装岗位、微生物检测、细菌接种等，只需在局部区域内有较高的洁净空气。在这种情况下，可用层流洁净工作台，工作原理与层流洁净室相同，气流方向也分为水平层流和垂直层流两种形式，相比之下垂直层流洁净工作台效果更好。

> **课堂互动**
>
> 比较层流净化技术与非层流净化技术的优、缺点。

二、空气洁净度

经过净化的洁净室是否达到生产工艺要求，必须通过检测空气中含有的悬浮粒子和微生物数才能确定，并依据检测结果确定洁净室的等级。我国现行《中国药典》（2020 年版）药品洁净实验室微生物监测和控制指导原则中，将药品洁净实验室的洁净级别按空气悬浮粒子大小和数量的不同，分为 A、B、C、D 四个级别，具体指标见表 9-1 和表 9-2。

表 9-1　各洁净级别空气悬浮粒子标准

洁净度级别	悬浮粒子最大允许数/m³			
	静态		动态	
	≥0.5μm	≥5.0μm	≥0.5μm	≥5.0μm
A 级	3520	20	3520	20

洁净度级别	悬浮粒子最大允许数/m³			
	静态		动态	
	≥0.5μm	≥5.0μm	≥0.5μm	≥5.0μm
B 级	3520	29	352000	2900
C 级	352000	2900	3520000	29000
D 级	3520000	29000	不作规定	不作规定

表 9-2　各洁净级别环境微生物检测的动态标准

洁净度级别	浮游菌/(cfu/m³)	沉降菌(φ90mm)/(cfu/4 小时)	表面微生物	
			沉降菌(φ55mm)/(cfu/4 小时)	5 指手套/(cfu/手套)
A 级	<1	<1	<1	<1
B 级	10	5	5	5
C 级	100	50	25	—
D 级	200	100	50	—

药品生产必须根据不同的工艺要求使用洁净室，GMP 中有明确的规定。

1. A 级洁净区

A 级洁净区一般用于：

① 能在最终容器中灭菌的大容量注射液的灌封；

② 非最终灭菌产品灌装前不需除菌滤过的药液的配制；

③ 非最终灭菌注射剂的灌封、分装和压盖；

④ 非最终灭菌直接接触药品的包装材料最终处理后的暴露环境；

⑤ 原料药中需无菌检查的暴露环境。

2. B 级洁净区

B 级洁净区一般用于：

① 最终灭菌注射剂的稀配、滤过；

② 最终灭菌小容量注射剂的灌封；

③ 最终灭菌直接接触药品的包装材料的最终处理；

④ 非最终灭菌药品灌装前不除菌滤过的药液的配制。

3. C 级洁净区

C 级洁净区一般用于：

① 最终灭菌药品注射剂浓配或采用密闭系统的稀配；

② 最终灭菌药品的轧盖，直接接触药品的包装材料最后一次清洗的最低要求；

③ 非最终灭菌口服液体药品的暴露工序；

④ 深部组织创伤外用药品、眼用药品的暴露工序；

⑤ 除直肠用药外的腔道用药的暴露工序。

4. D级洁净区

D级洁净区一般用于：

① 非无菌药品的最终灭菌口服液体的暴露工序；

② 口眼固体药品的暴露工序；

③ 表皮外用药品的暴露工序；

④ 直肠用药的暴露工序；

⑤ 非无菌原料药的生产暴露环境。

第二节　灭菌方法

一、基本概念

为了保证药品的质量，保障人们用药安全，防止微生物滋生对药品产生污染，需对原辅料、中间品、成品、包装材料、生产设备、用具及洁净区等进行必要的处理，通常采用的方法是灭菌或消毒。

1. 灭菌和灭菌法

灭菌（sterilization）系指用适当的物理或化学手段将物品中活的微生物杀灭或除去的过程。微生物包括细菌、真菌、病毒等。微生物种类不同，灭菌方法不同，灭菌效果也不同。细菌的芽孢具有较强的抗热能力，因此灭菌效果常以杀灭芽孢为标准。

灭菌法是指采用物理或化学等方法杀灭或除去制剂及相关物体上所有微生物的繁殖体和芽孢的操作技术。

常用的灭菌方法有湿热灭菌法、干热灭菌法、辐射灭菌法、气体灭菌法、过滤除菌法、汽相灭菌法、液相灭菌法。可根据被灭菌物品的特性采用一种或多种方法组合灭菌。

灭菌是药剂制备的一项重要操作。对于注射剂、眼用制剂及应用于创面的制剂等，灭菌是不可缺少的环节。

灭菌技术在药品生产中十分关键，药剂学中采用的灭菌措施必须达到既要除去或杀灭微生物，又要保证药物理化性质的稳定性、临床疗效的治疗作用及安全性的基本要求。因此，在药物生产中应根据药物的性质及临床要求，选择适宜的灭菌方法。灭菌方法有物理灭菌法和化学灭菌法。

2. 防腐与消毒

防腐：是指用物理或化学的方法抑制微生物生长和繁殖的手段，亦称抑菌。对微生物的生长与繁殖具有抑制作用的物质称抑菌剂或防腐剂。

消毒：是指用物理和化学方法杀灭或除去病原微生物，使之不成为传染源的手段。对病原微生物具有杀灭或除去作用的物质称为消毒剂。

3. 灭菌制剂与无菌制剂

灭菌制剂：采用某一物理、化学方法杀灭或除去所有活的微生物繁殖体和芽孢的一类制剂。

无菌制剂：采用某一无菌操作方法或技术制备的不含任何活的微生物繁殖体或芽孢的一类制剂。

4. 灭菌与无菌技术

微生物因生长期不同可分为繁殖体和芽孢。芽孢具有较强的抗热能力，因此灭菌效果的评价应以杀灭芽孢为准。

灭菌的意义：保证药物制剂的安全性、稳定性、有效性

灭菌的类型：物理灭菌法、化学灭菌法、无菌操作法。

灭菌法分类如下：

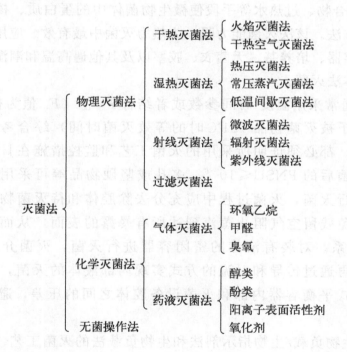

二、物理灭菌法

物理灭菌法利用蛋白质与核酸具有遇热、射线不稳定的特性，采用加热、射线和过滤的方法，杀灭或除去微生物。

物理灭菌法指利用温度、声波、电磁波、辐射等物理因素，达到影响微生物的化学成分和新陈代谢的目的，起到灭菌作用的方法。物理灭菌法有以下几种。

1. 干热灭菌法

本法系指将物品置于干热灭菌柜、隧道灭菌器等设备中，利用干热空气达到杀灭微生物或消除热原物质的方法。适用于耐高温但不宜用湿热灭菌法灭菌的物品，如玻璃器具、金属制容器、纤维制品、陶瓷制品、固体试药、液状石蜡等均可采用本法灭菌。

干热灭菌条件采用温度-时间参数或者结合 FH 值（FH 值为标准灭菌时间，系灭菌过程赋予被灭菌物品 160℃时的等效灭菌时间）综合考虑。干热灭菌温度范围一般为 160～190℃，当用于除热原时，温度范围一般为 170～400℃，无论采用何种灭菌条件，均应保证灭菌后物品的 PNSU（非无菌单元概率）$\leqslant 10^{-6}$。

2. 湿热灭菌法

湿热灭菌法系指将物品置于灭菌设备内利用饱和蒸汽、蒸汽-空气混合物、蒸汽-空气-水混合物、过热水等手段使微生物菌体中的蛋白质、核酸发生变性而杀灭微生物的方法。该法灭菌能力强，为热力灭菌中最有效、应用最广泛的灭菌方法。药品、容器、培养基、无菌衣、胶塞以及其他遇高温和潮湿性能稳定的物品，均可采用本法灭菌。

湿热灭菌通常采用温度-时间参数或者结合 F_0 值（F_0 值为标准灭菌时间，系灭菌过程赋予被灭菌物品 121℃时的等效灭菌时间）综合考虑，无论采用何种控制参数，都必须证明所采用的灭菌工艺和监控措施在日常运行过程中能确保物品灭菌后的 PNSU$\leqslant 10^{-6}$。多孔或坚硬物品等可采用饱和蒸汽直接接触的方式进行灭菌，灭菌过程中应充分去除腔体和待灭菌物品中的空气和冷凝水，以避免残留空气阻止蒸汽到达所有暴露的表面，从而破坏饱和蒸汽的温度-压力关系。对装有液体的密闭容器进行灭菌，灭菌介质先将热传递到容器表面，再通过传导和对流的方式实现内部液体的灭菌，必要时可采用空气过压的方式平衡容器内部和灭菌设备腔体之间的压差，避免影响容器的密闭完整性。

对于采用生物负载/生物指示剂法和生物负载法的灭菌工艺，日常生产全过程应对物品中污染的微生物进行连续、严格地监控，并采取各种措施降低微生物污染水平，特别是防止耐热菌的污染。

湿热灭菌在冷却阶段应采取措施防止已灭菌物品被再次污染。

（1）热压灭菌法　系在密闭的高压灭菌器内，利用高压的饱和水蒸气杀灭微生物的方法。这种方法是最可靠的湿热灭菌法，经热压灭菌处理，能杀灭所有的细菌增殖体和芽孢，所以凡能耐热压的药物制剂，都可采用此法。热压灭菌所需温度与相应压力及时间见表 9-3。

表 9-3　热压灭菌所需温度与相应压力及时间表

温度/℃	压力/kPa	时间/min
110	40.52	40
115	70.91	30
120	101.3	20
125	141.82	15
130	182.34	10

　　热压灭菌器种类较多，结构基本相似，主要由密闭的耐压室、排气口、安全网、压力表和温度计等部件组成。热源以高压饱和蒸汽为主，通过夹层或直接通入耐压室进行加热，也有在灭菌器中加水，用电加热的方式。常用的热压灭菌设备有手提式热压灭菌器、立式热压灭菌器和卧式热压灭菌柜等。

　　（2）流通蒸汽灭菌法与煮沸灭菌法　又称常压蒸汽灭菌法，是指在常压下用100℃蒸汽或用煮沸的水杀灭微生物的方法。此法是在不密闭的容器中灭菌，也可在热压灭菌器中进行，只是要打开排气阀让蒸汽不断排出，保持器内压强与大气压相等，用蒸汽进行灭菌。

　　1～2ml 注射剂及不耐热压的药品均可采用此法灭菌。灭菌条件一般是100℃、30 分钟或 60 分钟。但在此温度条件下，不能保证完全杀灭物品中所有的芽孢，所以需在制剂中添加抑菌剂，以确保灭菌效果。

　　（3）低温间歇灭菌法　是将待灭菌物品于 60～80℃加热 1 小时，将其中的细菌繁殖体杀死，然后在室温或 37℃恒温箱中连续放置 24 小时，让其中的芽孢发育成繁殖体，再进行第二次加热将其杀灭。加热和放置连续三次以上，直至杀灭全部细菌繁殖体和芽孢为止。此法适用于必须用加热灭菌法灭菌，但又不耐较高温的药品。缺点是灭菌操作时间长，杀灭芽孢不够完全。应用此法灭菌的制剂和药品，除本身具有抑菌作用外，还必须添加适量的抑菌剂以增加灭菌效力。

3. 射线灭菌法

　　（1）微波灭菌法　微波是指频率在 300MHz 到 300GHz 范围的电磁波。微波灭菌是利用极性分子在微波作用下运动，引起分子间摩擦产生的热效应以及微波直接破坏细胞膜的非热效应来灭菌的。微波可以使物质在外加电场中产生分子极化现象，极化分子随微波电场的转换也不停地转动，使电场能量转化为分子运动的热能。水可强烈地吸收微波，分子运动加剧，与周围不转或转速不同的分子发生摩擦、碰撞，达到一定的温度，产生一定的蒸汽，使蛋白质变性，杀死细菌。同时，微生物中活性分子的构型也会遭受到微波高强度电场的破坏，影响自身代谢，导致微生物死亡。因此，两者结合达到微波灭菌的目的。

　　微波灭菌的特点是微波可穿透到被灭菌物质的内部，产生热量，杀灭细菌；升温迅速、均匀，灭菌效果可靠、无残留毒性、灭菌时间短等。微波灭菌的热效应必须在有一定含水量的条件下才能显示，含水量越多，灭菌效果越好。目前微波灭菌机已广泛应用于食品、药品、中药饮片和中成药的灭菌和干燥中。

（2）辐射灭菌法　本法系指利用电离辐射杀灭微生物的方法。常用的辐射射线有 ^{60}Co 或 ^{137}Cs 衰变产生的 γ 射线、电子加速器产生的电子束和 X 射线装置产生的 X 射线。能够耐辐射的医疗器械、生产辅助用品、药品包装材料、原料药及成品等均可用本法灭菌。

辐射灭菌工艺的开发应考虑被灭菌物品对电离辐射的耐受性以及生物负载等因素。为保证灭菌过程不影响被灭菌物品的安全性、有效性及稳定性，应确定最大可接受剂量。辐射灭菌控制的参数主要是辐射剂量（指灭菌物品的吸收剂量），灭菌剂量的建立应确保物品灭菌后的 PNSU≤10^{-6}。辐射灭菌应尽可能采用低辐射剂量。

辐射灭菌方法温度变化小，对湿热灭菌法、干热灭菌法、滤过除菌法不适用的医疗器械、容器、不受辐射破坏的药品等可采用本法。

（3）紫外线灭菌法　用于灭菌的紫外线波长范围是 200～300nm，杀菌力最强的是 250～270nm。紫外线灭菌是紫外线促使细菌核酸蛋白变性而使微生物致死，同时空气中的氧气在紫外线照射下，还可产生具有很强杀菌作用的臭氧，协同发挥杀菌作用。紫外线的辐照能量低、穿透力弱，所以一般用于空气灭菌和物体表面灭菌。紫外线对人体的皮肤或黏膜有较强的损害作用，照射时间过久，易产生结膜炎、红斑、皮肤烧灼等症状，所以在使用此法灭菌时，操作人员应离开灭菌环境。

4. 过滤灭菌法

是用无菌的特定滤器让药液或气体通过，滤除介质中的微生物达到除菌的目的。主要用于热敏性高、黏度小的药物溶液和相关气体物质的洁净除菌。细菌的繁殖体大小一般约 1μm，芽孢约为 0.5μm 或者更小。该法采用的滤器，其滤材由多种材料制成，具有网状微孔结构，通过毛细管阻留、筛孔阻留和静电吸附等方式，有效地除去液体或气体介质中的微生物及其他杂质颗粒。目前常用的滤过除菌器主要有微孔薄膜滤器、垂熔玻璃滤器和砂滤棒。

近年来，随着科技的发展，灭菌技术也不断创新。目前已应用于生产的超声波灭菌法，主要是利用高强度的超声波来杀灭细菌；高压脉冲电场杀菌技术，利用溶液中的电场灭菌；等离子体杀菌技术，在常温常压下利用空气辉光放电产生等离子体迅速杀菌。此外，超高压灭菌技术、交变磁场杀菌技术、光脉冲杀菌技术、半导体光催化杀菌技术等都在广泛的实验和研究之中，目前这些技术尚不成熟，实际应用受到限制。

◁ **课堂互动**

家庭中蒸馒头、煮鸡蛋的灭菌属于哪种方法？

三、化学灭菌法

化学灭菌法是用化学药品直接作用于微生物而将其杀死且不损害药品质量，达到灭菌目的的方法。

该法灭菌效果与化学药品的种类有很大关系。有的品种可用于灭菌，有的只能用于抑菌。化学药品杀菌或抑菌的机制也因种类不同而异：有使病原体蛋白质变性，发生沉淀的；有与细菌的酶系统结合，影响其代谢功能的；有降低细菌表面张力、增加菌体胞浆膜通透性，使细胞破裂或溶解的。化学灭菌法一般包括气体灭菌法和表面消毒法。

1. 气体灭菌法

气体灭菌法是通过使用化学药品的气体或蒸气对待灭菌物品进行熏蒸杀死微生物的方法，又称冷灭菌法。适用于既不能加热灭菌，又不能滤过除菌的药物。常用的气体有环氧乙烷、β-丙内酯、甲醛、丙二醇、乳酸、臭氧、乙酸、过氧乙酸、三甘醇等。

（1）环氧乙烷　环氧乙烷的分子式为 C_2H_4O，沸点为 $10.9℃$，室温下是无色气体，在水中溶解度大，具有易燃、易爆的特点（当空气中浓度达到 3％时就会爆炸）。环氧乙烷对人体中枢神经系统有麻醉作用，人与大量环氧乙烷接触，可发生急性中毒，并损害皮肤和眼黏膜，产生水疱或结膜炎。环氧乙烷具有较强的穿透力，易穿透塑料、纸板及固体粉末等。灭菌作用快，对细菌芽孢、真菌和病毒等均有杀灭作用。环氧乙烷适用于塑料容器、对热敏感的固体药物、纸或塑料包装的药物、橡胶制品、注射器、注射针头、衣物、辅料及器械等的灭菌。灭菌后，应给予足够的时间或措施，使残留的环氧乙烷和其他挥发性残渣消散，并用适当方法对灭菌后的残留物加以监控。

（2）甲醛　甲醛是杀菌力很强的广谱杀菌剂。纯的甲醛在室温下是气体，沸点 $-19℃$。甲醛气体灭菌效果可靠，使用方便，对消毒、灭菌物品无损害，可用于对湿热敏感、易腐蚀的医疗用品的灭菌。现多用于空气的灭菌。灭菌时，将甲醛蒸气通入需灭菌的空间，密闭熏蒸 12～14 小时，灭菌后残余蒸气用氨气吸收，或通入经处理的无菌空气排除。甲醛有致癌作用，使用时应注意防护。

> **知识链接**
>
> 甲醛的毒理作用
>
> 甲醛，别名蚁醛，为无色气体，有辛辣刺鼻气味。易溶于水、醇和醚。甲醛具有很活泼的化学和生物学活性。甲醛对人体的影响主要为黏膜和皮肤的刺激作用。主要表现为眼部烧灼感、流泪、结膜炎、眼睑水肿、角膜炎、鼻炎、嗅觉丧失、咽喉炎和支气管炎等。严重者可发生喉部痉挛、声门水肿和肺水肿。长期接触低浓度甲醛蒸气，可发生头痛、软弱无力、消化障碍、视力障碍、心悸和失眠等。此外皮肤长期接触甲醛可发生湿疹，主要发生于手指和面部。长期接触甲

醛，还可能会导致癌症。

（3）臭氧　臭氧是一种强氧化剂，在室温下自行分解成氧，具有很强的杀菌作用，可杀灭细菌的繁殖体和芽孢、病毒、真菌等。常用于空气消毒、水消毒、物体表面的消毒等。由于臭氧是强氧化剂，有一定的腐蚀性，对多种物质有损坏作用，所以可引起橡胶的老化、变色、弹性降低等。该法具有灭菌温度基本没有变化、没有二次污染、广谱抗菌效果明显等特点。使用时应尽量密闭，且操作人员应避免入内，待灭菌 30 分钟后，臭氧散去，才能进入。

2. 药液灭菌法

药液灭菌法也叫表面消毒法，是杀死物体上病原微生物的方法。表面消毒法是用化学药品作为消毒剂，配成有效浓度的液体，用喷雾、涂抹或浸泡的方法达到消毒的目的。主要用于环境、设备、包装容器及一些原料药材的消毒灭菌。多数化学消毒剂仅对细菌繁殖体有效，对杀死芽孢效果不明显，所以应用消毒剂的目的在于减少微生物的数量。目前常用的消毒剂有以下几类。

（1）醇类　醇类包括乙醇、异丙醇、氯丁醇等，最常用的是 75% 乙醇。这类消毒剂能使菌体蛋白质变性，但杀菌力较弱，对细菌繁殖体效果明显，但对芽孢无效。常用于物体和皮肤表面的简单消毒。

（2）酚类　酚类包括苯酚、甲酚、氯甲酚、甲酚皂溶液等。苯酚杀菌力较强，有效浓度为 0.5%，一般用 2%～5% 浓度。常用于浸泡消毒和皮肤黏膜的消毒。

（3）阳离子表面活性剂　阳离子表面活性剂包括洁尔灭、新洁尔灭、杜灭芬等。这类化合物对细菌繁殖体有广谱杀菌作用，作用快而强，但对铜绿假单胞菌、芽孢等效果较差。一般用 0.1%～0.2% 的浓度。常用于手、皮肤、器械和物体表面的消毒。

（4）氧化剂　氧化剂包括过氧乙酸、高锰酸钾、过氧化氢、卤素化合物等。这类化合物具有很强的氧化能力，杀菌作用较强。常用于塑料、玻璃、人造纤维等器具的消毒。

四、无菌操作法

无菌操作法是指药剂生产的整个过程均控制在无菌条件下进行的一种操作方法。

某些药品加热灭菌后，发生变质、变色或含量、效价降低，则可采用无菌操作法制备。无菌操作不仅可用于注射剂，对于滴眼剂、海绵剂、蜜丸等剂型的制备亦适用。无菌操作中所用的一切用具、物料及环境，均应采用适当的方法进行灭菌。操作需在无菌操作室或无菌操作柜内进行。无菌操作室目前多采用层流洁净空气技术。

1. 无菌操作室的灭菌

无菌操作室的灭菌是为了防止药品在操作过程中受到污染。无菌操作室的空气灭菌常采用气体灭菌法，如甲醛溶液加热熏蒸、丙二醇或三甘醇蒸气熏蒸、过氧醋酸熏蒸等，并结合紫外线灭菌法综合灭菌。

无菌操作室除用上述方法定期进行空气灭菌外，还要对室内的空间、用具、地面、墙壁等用 3％苯酚溶液、2％甲酚皂溶液、0.2％苯扎溴铵或 75％乙醇喷洒或擦拭，其他用品应尽量用热压灭菌法或干热灭菌法灭菌。每天工作前开启紫外灯 1 小时，中午休息时间也要开 0.5～1 小时。

为了及时发现无菌操作室是否有菌，要定期进行菌落试验。一般采用"打开培养皿法"检查，暴露时间 20 分钟，37℃培养 48 小时，每只培养皿内不超过 3 个菌落为合格。

2. 无菌操作

无菌操作室外面应有准备室、更衣室、浴室、缓冲间和传送柜，操作人员进入无菌操作室前要洗澡，在更衣室内穿戴已经灭菌的专用工作服和清洁的鞋、帽，不使头发、内衣露出，以杜绝污染。安瓿经干热灭菌 150～180℃、2～3 小时，橡胶塞要经热压灭菌 121℃、1 小时。有关器具、机器都要经过灭菌，用无菌操作法制备的注射剂，大多要加入适量抑菌剂。

少量无菌制剂的制备，也可在无菌操作柜中进行。无菌操作柜分小型无菌操作柜与联合无菌操作柜两种。小型无菌操作柜又称单人无菌操作柜，式样有单面式与双面式两种。操作柜可用有机玻璃制成，亦可用木制柜架，四周配以玻璃。前面操作处挖两个圆孔，孔内密接橡胶手套或袖套以便伸入双手在柜内操作。药品及用具等由侧门送入柜内然后关闭。操作时可完全与外界空气隔绝。柜内空气的灭菌，可在柜中央上方装一小型紫外线灯，使用前开启 1 小时，使柜内空气灭菌；也可用药液，如 3％～5％苯酚喷雾灭菌。联合无菌操作柜由几个小型操作柜联合而成，使原料的精制、传递、分装及成品暂时存放等全部在柜内进行。

当层流洁净室或层流净化工作台的洁净度达到一定标准时，也可进行无菌操作。

习　题

一、单选题

1. 非无菌药品的最终灭菌口服液体的暴露工序要求净化级别为（　　　）。

A. A 级　　　　　　B. B 级　　　　　　C. C 级　　　　　　D. D 级

2. 湿热灭菌法采用蒸汽灭菌，效果最好的是（　　　）。

A. 过热饱和蒸汽　B. 饱和蒸汽　　　C. 湿饱和蒸汽　　D. 热空气

3. 采用热压灭菌法时，温度为 115℃时，时间应设定为（　　　）。

A. 40min　　　　　B. 30min　　　　　C. 50min　　　　　D. 45min

4. 对热压灭菌法叙述不正确的是（　　　）。

A. 用过热蒸汽杀灭微生物　　　　B. 几乎能杀死所有细菌增殖体和芽孢

C. 是灭菌效力最可靠的湿热灭菌法　D. 通常温度控制在 160～170℃

5. 下列关于过滤除菌法叙述不正确的是（　　　）。

A. 滤材孔径须在 $0.22\mu m$ 以下　　　B. 本法不适于生化制剂

C. 本法属于物理灭菌法，可机械滤除活的或死的细菌

D. 本法可同时除去一些微粒杂质

E. 加压和减压过滤均可采用，但加压过滤较安全

6. 最好用（　　　）波长的紫外线进行灭菌。

A. 365nm　　　　B. 245nm　　　　C. 254nm　　　　D. 285nm

7. 必须配合无菌操作的灭菌方法是（　　　）。

A. 微波灭菌　　　B. 滤过除菌　　　C. 干热空气灭菌　D. 紫外线灭菌

8. 不能保证完全杀灭所有细菌芽孢的灭菌方法是（　　　）。

A. 流通蒸汽灭菌法　　　　　　　　B. 低温间歇灭菌法

C. 辐射灭菌法　　　　　　　　　　D. 热压灭菌法

二、多选题

1. 我国洁净室的净化级别有（　　　）。

A. A 级　　　　　B. B 级　　　　　C. C 级　　　　　D. D 级

2. 化学灭菌法有（　　　）灭菌法。

A. 环氧乙烷　　　B. 湿热　　　　C. 表面　　　　　D. 热空气

3. 空气净化技术包括（　　　）。

A. 层流净化技术　　　　　　　　　B. 非层流净化技术

C. 层流净化台

4. 药剂可能被微生物污染的途径是（　　　）。

A. 药物原辅料　　　B. 操作人员　　　C. 制药工具

D. 环境空气　　　　E. 包装材料

5. 以下关于干热灭菌法的叙述，正确的是（　　　）。

A. 相同温度条件下，干热灭菌效果不如湿热灭菌好

B. 玻璃器皿可用干热空气灭菌

C. 干热灭菌法常用的有干热空气灭菌法和火焰灭菌法

D. 挥发性药材用 $60\sim80℃$ 干热空气灭菌

E. 颗粒剂一般采用 $80\sim100℃$ 干热空气灭菌

6. 热压灭菌的灭菌条件是（　　　）。

A. 采用湿热水蒸气　　　　　　　　C. 采用高压饱和水蒸气

B. 在密闭热压灭菌器内进行　　　　D. 在干燥、高压条件下进行

E. 在表压 98.07kPa 压力下，温度为 121.5℃，灭菌 20min

7. 化学气体灭菌剂有（　　　）。

A. 环氧乙烷　　　B. 甲醛　　　　C. 丙二醇

D. 过氧醋酸　　　E. 氯甲酚

8. 属于物理灭菌法的是（　　　）。

A. 湿热灭菌法　B. 辐射灭菌法　C. 微波灭菌法

D. 紫外线灭菌法　E. 干热灭菌法

三、判断题

1. （　　）层流净化的级别不如非层流净化级别高。

2. （　　）洁尔灭、新洁尔灭、来苏水、杜灭芬都是常用的阳离子表面活性剂，多具有杀菌作用。

四、简答题

1. 非层流与层流空气洁净技术哪种更合理，为什么？

2. 试述常用物理灭菌法的基本原理、方法与适用范围。

3. 试述常用化学灭菌法的基本原理、方法与适用范围。

第十章

中药和天然药物制药工艺

🌐 知识目标

1. 了解中药和天然药物制药工艺研究的内容；
2. 熟悉原药材预处理工艺、浓缩与干燥工艺；
3. 掌握提取工艺、分离纯化工艺。

🎯 技能目标

1. 结合常见的糖浆、浸流膏等常见的中药制剂，举例说明常见的中药浓缩工艺；
2. 结合中药配方颗粒，举例说明常见的中药提取工艺。

💡 思政素质目标

树立"安全性、有效性和质量可控性"的药品生产理念；通过了解源远流长、博大精深的中华医药，强化学生民族自豪感，树立从传统医药中寻求创新的职业追求。

第一节　概述

中华医药源远流长、博大精深，是中华民族传统文化的重要组成部分，为中华民族的繁衍、生息和医疗、保健起到了不可磨灭的作用。在我国辽阔的土地和海域中，分布着种类繁多、产量丰富的中药和天然药物资源，包括植物、动物及矿物，有 12800 余种。自古以来，我国人民就对这些宝贵的资源进行了合理开发和有效利用，这是我国人民长期和疾病作斗争的丰富经验的结晶，为中华民族的繁荣昌盛做出了不可磨灭的贡献。

中药（traditional chinese medicine，TCM）是我国传统药物的总称，是我国人民在长期与自然界和疾病作斗争的实践中总结出来的宝贵财富。但是现在讲的中药是一个广义的概念，包括传统中药、民间药（草药）和民族药，它们既有区别，又有联系，在用药方面相互交叉、相互渗透、相互补充，从而丰富和延伸了"中药"的内涵，组成了广义的中药。天然药物（natural medicine）是指人类在自然界中发现的并可直接供药用的植物、动物或矿物，以及基本不改变其物理化学属性的加工品。中药和天然药物最主要的区别在于中药具有在中医药理论指导下的临床应用基础；而天然药物可以无临床应用基础，或者不在中医药理论的指导下应用。

中药和天然药物制药工艺研究的内容如下：

中药和天然药物制药工艺是将传统中药生产工艺与现代生产技术相结合，研究、探讨中药和天然药物制药过程中各单元操作生产工艺和方法的一门学科，其内容包括原药材前处理、有效成分的提取、分离纯化、浓缩与干燥、剂型制备的工艺原理、生产工艺流程、工艺技术条件筛选及质量控制，使产品达到安全、有效、可控和稳定。制药工艺研究应尽可能采用新技术、新工艺、新辅料和新设备，以进一步提高中药、天然药物制剂的研究水平。

工艺路线是中药和天然药物制药工艺科学性、合理性与可行性的基础和核心。工艺路线的选择是否合理，直接影响药物的安全性、有效性和可控性，决定着制剂质量的优劣，也关系到大生产的可行性和经济效益。中药和天然药物制药工艺与化学制药工艺不同，有其特殊性。中药、天然药物生产工艺的研究应根据药物的临床治疗要求、所含有效成分或有效部位的理化性质，结合制剂制备上的要求、生产的可行性、生产成本、环境保护的要求等因素，进行工艺路线的设计、工艺方法和条件的筛选，制定出方法简便、条件确定的稳定生产工艺。

天然药物制剂原料绝大多数为植物、动物及矿物等天然产物，品种繁多、成分复杂，这些原料在应用前必须进行必要的前处理，使药材的药性、疗效、毒副作用、形状等发生变化，以达到制剂所需的质量标准。

中药复方应在分析处方组成和复方中各味药之间的关系，并且参考药物所含成分的理化性质和药理作用研究的基础上，根据与治疗作用相关的有效成分或有效部位的理化性质，结合制剂制备上的要求，进行工艺路线的设计、工艺方法和条件的筛选，制定出方法简便、条件确定的稳定工艺。

如在某方药中用了附片，而附片中的成分去甲乌药碱、乌头碱等双酯型生物碱为其有毒成分，应在水中加热较长时间使之降解，以降低或消除毒性，故一般需将附片先煎至无麻味。若在制定工艺路线时将其确定为全方共煎，结果将导致提取物毒性大，所得制剂十分不安全。生产中要根据原料来源、处方组成、加工目的以及药品质量标准、药效标准的要求，将提取、分离纯化、浓缩和干燥等单元操作进行有机组合。

第二节 原药材预处理工艺

中药、天然药物采收后，一般都需要采用适当方法进行一定的前处理，即对原药材进行净制、软化、切制和干燥。将原药材加工成具有一定质量规格的药材中间品或半成品，以达到便于应用、贮存及发挥药效，改变药性、降低毒性、方便制剂等目的。同时，也为中药有效成分的提取与中药浸膏的生产提供可靠的保障。

一、药材的净制

1. 杂质的去除

自然生存的原药材中常夹杂一些泥土、砂石、木屑、枯枝、腐叶、杂草和霉变品等杂质。根据药材的不同情况，选用下列方法清除杂质。

（1）挑选　挑选是除去药材中的杂质、霉变品等，或将药物按大小、粗细进行分档，以便达到洁净或进一步加工处理的目的。

（2）筛选　筛选是根据药材和杂质的体积大小不同，选用适宜的筛或箩，筛除药物中夹杂的泥沙、杂质或将大小不等的药物过筛分开的操作。筛选时，少量加工可使用不同规格的竹筛或铁丝筛手工操作；大量加工时多用振荡式筛药机进行筛选，操作时可根据药物体积的不同，更换不同孔径的筛板。

（3）风选　风选是利用药物和杂质的轻重不同，借助风力将杂质与药材分开。一般可用簸箕或风车通过扬簸或扇风除去杂质。常用于种子果实类、花叶类药材。操作时注意风力、簸力适度，以免吹、簸出药物。

（4）漂洗　漂洗是将药材通过洗涤或水漂除去杂质和毒性成分的一种方法。洗漂时要控制好时间，勿使药材在水中浸泡过久，以免有效成分流失而影响疗效。但某些有毒药材如天南星、半夏、白附子等，为了减毒，须浸泡较长时间。

（5）压榨　有些种子类药材含有大量无效或有毒的油脂，可将其包裹在棉纸中压榨，吸去大部分油脂，以达到提高质量、降低毒性的目的。

2. 非药用部位的去除

药材在采收过程中往往残留有非药用部分，在使用前需要净选并除去。

(1) 去残根　主要指用地上部分的药材时须除去非药用部分的地下部分,如马鞭草、卷柏、益母草等。也包括用根或根茎的药材除去支根、须根等,如黄连、芦根、藕节等。

(2) 去芦头　芦头一般是指残留于根及根茎类药材上的残茎、叶茎、根茎等部位。需要去芦头的药材有人参、防风、桔梗和柴胡等。历代医学认为芦头为非药用部位,但近年来对桔梗、人参芦头的研究证明其亦含有效成分,主张不去除。

(3) 去枝梗　去枝梗一般是除去某些果实、花、叶类药材非药用的果柄、花柄、叶柄、嫩枝及枯枝等。

(4) 去皮壳　一般指除去某些果实、花、叶类药材中非药用的栓皮、种皮、表皮或果皮等。去皮壳的方法因药而异,树皮类药材用刀刮去栓皮及苔藓;果实类药材砸破去皮壳;种仁、种子类药材单去皮;根及根茎类药材多趁鲜或刮,或撞,或踩去皮。

(5) 去心　去心一般指某些根皮类药材的木质部和少数种子药材的胚芽。根皮类药材木质的心部不含有效成分,而且占相当大的重量,属非药用部位,应予除去。

(6) 去核　核指果实类药材的种子。有些药材的种子为非药用部位,应予除去,如山楂、山茱萸、大枣、乌梅和丝瓜络等。

(7) 去瓤　瓤指果实类药材的内果皮及其坐生的毛囊。瓤不含果皮的有效成分,且易生霉,故应除去。

(8) 去毛　去毛一般是指除去某些药材表面或内部附生的、非药用的绒毛。因其易刺激咽喉引起咳嗽或其他有害作用,应予除去。

(9) 去头、尾、足、翅、皮和骨　某些昆虫或动物药材需去头、尾、足、翅、皮和骨,以除去有毒部分或非药用部位。

二、药材的软化

药材净制后,只有少数可以进行鲜切或干切,多数需要进行适当的软化处理才能切片。软化药材的方法分为常水软化法和特殊软化法两类。

1. 常水软化法

常水软化法是用冷水软化药材的操作工艺,目的是使药材吸收一定量的水分,达到质地柔软、适于切制的要求。具体操作方法有淋法、洗法、泡法和润法4种。

(1) 淋法　淋法是用清水喷洒药材的方法。操作时,将净药材整齐堆放,均匀喷洒清水,水量和次数视药材质地和季节温度灵活掌握。一般喷洒2～4次。稍润后进行切制。本法适用于气味芳香、质地疏松、有效成分易溶于水的药材。用淋法处理后仍不能软化的部分,可选用其他方法再行处理。

(2) 洗法　洗法是用清水洗涤药材的方法。操作时,将净药材投入清水中,快速淘洗后及时捞出，稍润即行切制。本法适用于质地松软、水分容易浸入的药材。某些药材因气温偏低，运用淋法不能使之很快软化的，也可采用洗法。多数药材淘洗 1 次即可。一些附着泥沙杂质较多的药材（如秦艽、蒲公英等）则可水洗数次，以洁净为准。

（3）泡法　泡法是将药材用清水浸泡一定时间，使其吸收适量水分的方法。操作时先将药材洗净，再注入清水至淹没药材，放置一定时间（视药材质地和气温灵活掌握），中间通常不换水，一般浸透至六七成时捞出，润软即可切制。本法适用于质地坚硬、水分较难渗入的药材。使用泡法时应遵循"少泡多润"的原则。如果浸泡时间过长，不仅有效成分流失过多，而且会使形体过软甚至泡烂，不能切出合格饮片。

（4）润法　润法是促使渍水药材的外部水分徐徐渗入内部，使之软化的方法。凡经过淋、洗、泡的药材，多要经过润法处理才能达到切制的要求。操作时，将上述方法处理后的浸湿药材置一定容器内或堆积于润药台上，以物遮盖，或配合晒、晾处理，经一定时间后药材润至柔软适中，即行切制。润的方法有浸润、伏润和露润等。

2. 特殊软化法

有些药材不宜用常水软化法处理，需采用特殊软化法。

（1）湿热软化　某些质地坚硬，经加热处理有利于保存有效成分的药材，需用蒸、煮法软化。

（2）干热软化　胶类常用烘烤法。有些地区红参、天麻也用此法致软。

（3）酒处理软化　鹿茸、蕲蛇、乌梢蛇等动物药材用水软化处理，或容易变质，或难以软化，需用酒处理软化切制。

3. 药材软化新技术

常见的药材软化新技术包括吸湿回润法、热汽软化法、真空加温软化法、减压冷浸软化法和加压冷浸软化法等。

（1）吸湿回润法　是将药材置于潮湿地面的席子上，使其吸潮变软再行切片的方法。本法适用于含油脂、糖分较多的药材。

（2）热汽软化法　是将药材经沸水焯或经蒸汽蒸等处理，使热水或热蒸汽渗透到药材组织内部，加速软化，再行切片的方法。此法一般适用于经热处理对其所含有效成分影响不大的药材。采用热汽软化，可克服水处理软化时出现的发霉现象。

（3）真空加温软化法　系指将净药材洗涤后，采用减压设备，通过减压和通入热蒸汽的方法，使药材在负压情况下吸收热蒸汽，加速药材软化。此法能显著缩短软化时间，且药材含水量低，便于干燥。适用于遇热成分稳定的药材。

（4）减压冷浸软化法　系指用减压设备通过抽气减压，将药材间隙中的气体抽出，借负压的作用将水迅速吸入，使水分进入药材组织之中，加速药材的软化。此法是在常温下用水软化药材，且能缩短浸润时间，减少有效成分的流失和药材的霉变。

（5）加压冷浸软化法 系指把净药材和水装入耐压容器内，用加压机械将水压入药材组织中以加速药材的软化。

三、药材的切制

药材的切制方法分为手工切制和机械切制。目前在实际生产中，大批量生产多采用机械切制，小批量加工或特殊需求时使用手工操作。切制工具有所不同，实际生产中常根据不同药材及性质分别采用切、镑、刨、锉和劈等切制方法。切制后饮片的形态取决于药材的特点和炮制对片型的要求，大致可分为薄片（片厚为 $1\sim2mm$）、厚片（片厚为 $2\sim4mm$）、直片（片厚为 $2\sim4mm$）、斜片（片厚为 $2\sim4mm$）、丝片（叶类切成宽度为 $5\sim10mm$、皮类切 $2\sim3mm$ 宽的细丝）、块（$8\sim10mm$ 的方块）、段（短段长度为 $5\sim10mm$，长段长度为 $10\sim15mm$）。

四、药材的干燥

药材切成饮片后，为保存药效、便于贮存，必须及时干燥，否则将影响质量。药材的干燥过程按照技术发展过程，可分为传统干燥方法和现代干燥方法。

1. 传统干燥方法

传统干燥方法主要包括晒干、阴干和传统烘房干燥，不需要特殊设备，比较经济。

（1）晒干法 是利用太阳能和户外流动的空气对药材进行干燥。一般适用于不要求保持一定颜色和不含挥发油的药材，是目前绝大多数根茎类药材干燥最常采用的方法之一。

（2）阴干法 是利用阳光加热的热空气及风的自然流动进行干燥，不直接接触阳光，适合于不宜久晒或曝晒的叶类药材。

（3）传统烘房干燥 该方法是一种传统的、简便经济的药材干燥方法，适用于小批量、多品种的干燥操作。

2. 现代干燥方法

现代干燥方法主要有热风对流干燥法、红外干燥、微波干燥、冷冻干燥、真空干燥和低温吸附干燥等，要有一定的设备条件，清洁卫生，该法可缩短干燥时间。

（1）热风对流干燥法 这是最常用的干燥方法，设备比较经济和简单，不受阴雨天的影响，并可根据需要达到迅速干燥的目的，而且有些药材烘干比晒干的质量要好。

（2）红外加热干燥法 其干燥原理是将电能转化为远红外辐射，从而被药材的分子吸收，产生共振，引起分子和原子的振动和转动，导致物料变热，经过热扩散、蒸发，最终达到干燥的目的。

（3）微波干燥法　是药材中的极性水分子吸收微波后发生旋转振动，分子间互相摩擦而生热，从而达到干燥灭菌的目的。

（4）其他干燥法　其他还有冷冻干燥、热泵干燥、低温吸附干燥、真空干燥、太阳能干燥、气流干燥和振动流化干燥等。为了获得最佳的品质、效率，节约成本，发展了多种干燥方法组合的方式，如红外-对流干燥法、微波-气流式干燥法等。

第三节　提取工艺

一般将中药、天然药物的药用有效成分与无效成分的分离称为药材的提取，是中药和天然药物制药工艺中重要的单元操作之一。通过提取可以把有效成分或有效部位与无效成分分离，减少药物服用量，有利于药物吸收，还可消除原药材服用时引起的副作用，增加制剂的稳定性。

一、提取原理

中药、天然药物的浸提是采用适当的溶剂和方法，将有效成分或有效部位从原料药中提取出来。矿物类和树脂类药材无细胞结构，其成分可直接溶解或分散悬浮于溶剂中。动植物药材多具有细胞结构，药材的大部分生物活性成分存在于细胞液中。新鲜药材经干燥后，组织内水分蒸发，细胞皱缩甚至形成裂隙，同时，在液泡腔中溶解的活性成分等物质干涸沉积于细胞内，使细胞形成空腔，有利于溶剂向细胞内渗透，有利于活性成分的扩散。但是，细胞质膜的半透性丧失，浸出液中杂质增多。药材经过粉碎，细胞壁破碎，其所含的成分可被溶出、胶溶或洗脱下来。

1. 浸提过程

对于细胞结构完好的中药、天然药物来说，细胞内成分溶出需要经过浸提过程。浸提过程通常包括浸润渗透、解吸溶解、扩散置换等过程。

（1）浸润渗透　溶剂能否使药材表面润湿，并逐渐渗透到药材内部，与溶剂性质和药材性质有关，取决于附着层（液体与固体接触的那一层）的特性。如果药材与溶剂之间的附着力大于溶剂分子间的附着力，则药材易被润湿；反之，如果溶剂的内聚力大于药材与溶剂之间的附着力，则药材不易被润湿。

大多数情况下，药材能被溶剂润湿。因为药材中有很多极性基团物质如蛋白质、果胶、糖类和纤维素等，能被水和醇等溶剂润湿。润湿后的药材由于液体静压和毛细管的作用，溶剂进入药材空隙和裂缝中，渗透进细胞组织内，使干皱细胞膨胀，恢复通透性，溶剂进一步渗透到细胞内部。但是，如果溶剂选择不当，或药材中含特殊有碍浸出的成分，则润湿会遇到困难，溶剂就很难向细胞内渗透。例如，要从脂肪油较多的药材中浸出水溶性成分，应先进行脱脂处理；用乙醚、石油醚、三氯甲烷等非极性溶剂浸提脂溶性成分时，药材需先进行干燥。为了帮助溶剂润湿药材，某些情况下可向溶剂中加入适量表面活性剂帮助某些成分溶解，以利于提取。溶剂能否顺利地渗透到细胞内，还与毛细管中有无气体栓塞有关。所以，在加入溶剂后用挤压法或于密闭容器中减压，以排出毛细管内空气，以利于溶剂向细胞组织内渗透。

（2）解吸溶解　溶剂进入细胞后，可溶性成分逐渐溶解，转入溶液中；胶性物质由于胶溶作用，转入溶剂中或膨胀生成凝胶。随着成分的溶解和胶溶，浸出液的浓度逐渐增大，渗透压提高，溶剂继续向细胞透入，部分细胞壁膨胀破裂，为已溶解的成分向细胞外扩散创造了有利条件。

由于药材中有些成分之间有较强的吸附作用（亲和力），使这些成分不能直接溶解在溶剂中，需解除吸附作用才能使其溶解。所以，药材浸提时需选用具有解吸作用的溶剂，如水、乙醇等。必要时，可向溶剂中加入适量的酸、碱、甘油、表面活性剂以助解吸，增加有效成分的溶解。但成分能否被溶剂溶解，取决于成分的结构与溶剂的性质，遵循"相似相溶"原理。解吸与溶解阶段的快慢，主要取决于溶剂对有效成分的亲和力大小，因此，选择适当的溶剂对于加快这一过程十分重要。

（3）扩散置换　当浸出溶剂溶解大量的有效成分后，细胞内液体浓度显著提高，使细胞内外出现浓度差和渗透压。这将导致细胞外侧纯溶剂或稀溶液向细胞内渗透，细胞内高浓度的液体可不断地向周围低浓度方向扩散，直至内外溶液浓度相等、渗透压平衡时，扩散终止。

浸出过程是由浸润渗透、解吸溶解、扩散置换等几个相互联系的作用综合组成的，几个作用交错进行，同时还受实际生产条件的限制。创造最大的浓度梯度是浸出方法和浸出设备设计的关键。

2. 常用的浸提溶剂

溶剂的性质不同，对各种化学成分的溶解性不同，浸提出的化学成分也不同。浸提溶剂选择得恰当与否，直接关系到有效成分浸出，以及制剂的有效性、安全性、稳定性及经济效益的合理性。理想的提取溶剂应符合 4 个基本条件：

① 能最大限度地溶解和浸出有效成分或部位，最低限度地浸出无效成分和有害物质；

② 不与有效成分发生化学反应，不影响其稳定性和药效；

③ 价廉易得，或可以回收；

④ 使用方便，操作安全。

但在实际生产中，真正符合上述要求的溶剂很少，除水、乙醇外，还常采用混合溶剂，或在浸提溶剂中加入适宜的浸提辅助剂。

中药和天然药物制药中使用最多的溶剂是水，因其价廉、无毒且提取范围广。对某些适应性较差者可通过调节 pH，或加附加剂，或应用特殊技术（如超声提取、超临界提取等），从而改善提取效果。其次是乙醇，不同浓度的乙醇可以起到纯化除杂的作用。提取溶剂选择应尽量避免使用一类、二类有机溶剂，如非用不可时，应做残留检查。选用溶剂时应将提取理论与实践结合起来，选择优化结果。

例如，某治疗肝炎的方药中用了夏枯草，其所含齐墩果酸属于有效成分，拟作为含量测定成分。齐墩果酸难溶于水，易溶于乙醇，所以一般用70%～80%乙醇回流提取。如若工艺路线规定为将夏枯草与其他药物用水共煎，则该成分难以煎出，制剂无法进行齐墩果酸的含量测定。

3. 浸提辅助剂

浸提辅助剂系指为提高浸提效能，增加浸提成分的溶解度，增强制品的稳定性以及除去或减少某些杂质，特加于浸提溶剂中的物质。常用的浸提辅助剂有酸、碱及表面活性剂等。

（1）酸　酸的使用主要在于促进生物碱的浸出；提高部分生物碱的稳定性；使有机酸游离，便于用有机溶剂浸提；除去不溶性杂质等。常用的酸有硫酸、盐酸、乙酸、枸橼酸和酒石酸等，用量不宜过多，以能维持一定的 pH 即可，因为过量的酸可能会造成不需要的水解或其他后果。为了发挥所加酸的最佳效能，常常将酸一次性加于最初的少量浸提溶剂中，能较好地控制其用量。当酸化浸出溶剂用完后，只需使用单纯的溶剂即可顺利完成浸提操作。

（2）碱　碱的应用不如酸普遍。常用的碱为氢氧化铵（氨水）。加入碱的目的是增加有效成分的溶解度和稳定性。碱性水溶液可溶解内酯、蒽醌及其苷、香豆素、有机酸、某些酚性成分，但也能溶解树脂酸、某些蛋白质，使杂质增加。氨溶液是一种挥发性弱碱，对成分破坏作用小，易于控制其用量。对特殊的浸提常选用碳酸钙、氢氧化钙、碳酸钠和石灰等。氢氧化钠碱性过强，容易破坏有效成分，一般不使用。

（3）表面活性剂　在浸提溶剂中加入适宜的表面活性剂能降低药材与溶剂间的界面张力，使润湿角变小，促进药材表面的润湿，有利于某些药材成分的浸提。不同类型的表面活性剂显示不同的作用：阳离子型表面活性剂的盐酸盐有助于生物碱的浸出；阴离子型表面活性剂对生物碱多有沉淀作用，故不适于生物碱的浸提；非离子型表面活性剂一般对药物的有效成分不起化学作用，且毒性小甚至无毒，所以经常被选用。表面活性剂虽有提高浸出效能的作用，但浸出液中杂质的含量也较多，应用时须加注意。

二、浸提工艺与方法

浸提在中药、天然药物提取生产中占有很重要的地位，在中药、天然药物有效成分不被破坏的基础上，选择最佳的工艺和设备，对浸提生产是非常重要的。最佳的浸提工艺和设备应该使浸提的生产收率高、产品质量好、成本低和经济效益高。为了加速浸提，提高浸提温度和压力是有利的。但有时会引起有效成分的破坏，在这种情况下，常压、低温和受热时间越短越好。因此，要根据天然药物、中药处方中各种药材的性质及有效成分的稳定性选择适当的工艺条件、工艺路线和设备。

1. 浸渍法

浸渍法是用定量的溶剂，在一定温度下将药材浸泡一定的时间，以提取药材成分的一种方法。除特别规定外，浸渍法一般在常温下进行。因浸渍法所需时间较长，不宜以水为溶剂，通常选用不同浓度的乙醇，故浸提过程应密闭，防止溶剂的挥发损失。浸渍法按操作温度和浸渍次数分为冷浸法、热浸法和重浸渍法。

该法适用于黏性药材、无组织结构的药材、新鲜及易膨胀的药材、价格低廉的芳香性药材。由于浸出效率低，不适于贵重药材、毒性药材和有效成分低的药材的浸取。

2. 渗漉法

渗漉法是将药物粗粉置于渗漉器内，溶剂连续地从容器上部加入，渗漉液不断地从下部流出，从而浸出药材中有效成分的一种方法。渗漉时，溶剂渗入药材细胞中溶解大量的可溶性成分后，浓度增高，向外扩散，浸提液的密度增大，向下移动。上层的溶剂不断置换其位置，形成良好的浓度差，使扩散自然地进行，故渗漉法的效果优于浸渍法，提取较完全，而且省去了分离浸提液的时间和操作。当渗漉液流出的颜色极浅或渗漉液体积的数值相当于原药材质量数值的 10 倍时，便可认为基本提取完全。

在渗漉法中借鉴和引用一些新技术、新设备等，对于提高制剂的质量、稳定性、生物利用度，降低毒副作用、提高生产效率、降低成本等均有积极作用。如酒剂的生产，由原始的浸渍法到渗漉法，现在又采用循环浸渗提取法，不仅缩短了生产周期，而且提高了产品质量，较好地解决了药酒澄清度的问题。

渗漉法适用于贵重药材、毒性药材及高浓度的制剂，也可用于有效成分含量较低的药材提取。但对新鲜及易膨胀的药材、无组织结构的药材则不宜采用。因渗漉过程所需时间较长，不宜用水作溶剂，通常用不同浓度的乙醇，故应防止溶剂的挥发损失。

根据操作方法的不同，渗漉法又可分为单渗漉法、重渗漉法、加压渗漉法和逆流渗漉法。

3. 煎煮法

煎煮法是以水为浸提溶剂，将药材加热煮沸一定时间以提取其所含成分的一种方法。

取药材饮片或粗粉，加水浸没药材（勿使用铁器），加热煮沸，保持微沸。煎煮一定时间后，分离煎煮液，药渣继续依法煮沸数次至煎煮液味淡薄，合并各次煎煮液，浓缩。一般以煎煮 2～3 次为宜，小量提取，第 1 次煮沸 20～30 分钟；大量生产，第 1 次煎煮 1～2 小时，第 2、第 3 次煎煮时间可酌减。

该法适用于有效成分能溶于水，且对湿热较稳定的药材。其优点是操作简单易行；缺点是煎煮液中除有效成分外，往往含有较多的水溶性杂质和少量的脂溶性成分，给后续操作带来很多困难。一些不耐热及挥发性成分在煎煮过程中易被破坏或挥发损失，同时煎出液易霉变、腐败，应及时处理。因煎煮法能提取较多的成分，符合中医传统用药习惯，所以对于有效成分尚未清楚的中药或方剂进行剂型改革时，常采用煎煮法粗提。煎煮法分为常压煎煮法和加压煎煮法。常用的设备有一般提取器、多功能中药提取罐、球形煎煮罐等。图 10-1 是多功能中药提取罐示意图。

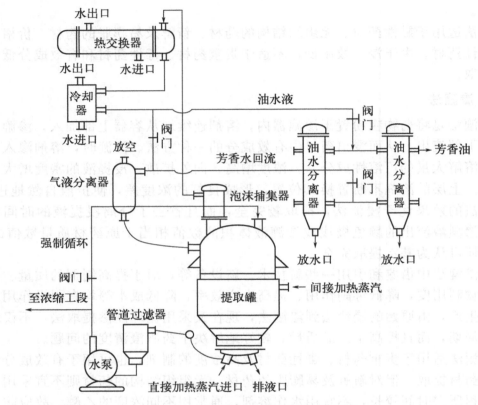

图 10-1　多功能中药提取罐示意图

4. 压榨法

压榨法又称榨取法，是用加压方法分离液体和固体的一种方法。该法是中药和天然药物的重要提取方法之一。药材中以水溶性酶、蛋白质、氨基酸等为主要有效成分的药物都可以用压榨法制取。含水分高的新鲜药材（如秋梨、生姜、沙棘等）可以榨汁的方式制备其有效成分提取物。许多药材中的有效成分对热很不稳定，这类药物用加热浸出、浓缩等方法所制备的提取物质量不好，而用湿冷压榨法制备比较理想。

压榨法的缺点是用于榨取脂溶性物质收率较低，如用于榨取芳香油和脂肪油其收率不如浸出法高。由于这种原因，在芳香油的制备方面已经很少使用压榨法。但是有些芳香油用浸出法和蒸馏法所制得的产品气味不如压榨法所得的油气味好，如由中药青皮、陈皮、柑橘等果实以压榨法制得的芳香油远较蒸馏法的气味好，所以压榨法尚不能完全被其他方法所取代。为了提高其收率，可以用压榨法与浸出法或蒸馏法相结合的办法解决。用压榨法榨取水溶性物质可得到较高的收率，而且有效成分不会被破坏。因此，压榨法是制备新鲜药材中对热不稳定的有效成分的可靠方法。

5. 水蒸气蒸馏法

水蒸气蒸馏是应用相互不溶也不起化学反应的液体，遵循混合物的蒸气总压等于该温度下各组分饱和蒸气压（即分压）之和的道尔顿定律，以蒸馏的方法提取有效成分。该法适用于具有挥发性，能随水蒸气蒸馏而不被破坏，不溶或难溶于水的化学成分的提取、分离，如一些芳香性、有效成分具有挥发性的药材的提取。水蒸气蒸馏法分为水中蒸馏法、水上蒸馏法及水汽蒸馏法。

6. 回流法

回流法是用乙醇等挥发性有机溶剂热提取药材中有效成分的一种方法。将提取液加热蒸馏，其中挥发性馏分又被冷凝，重新流回浸出器中浸提药材，这样周而复始，直至有效成分回流提取完全。由于提取液浓度逐渐升高，受热时间长，不适用于受热易破坏的药材成分浸出，适用于脂溶性强的化学成分的提取。回流法可分为回流热浸法和循环回流冷浸法。

（1）回流热浸法　是将药材饮片或粗粉装入圆底烧瓶内，添加溶剂浸没药材表面，浸泡一定时间后，于瓶口安装冷凝装置，并接通冷凝水，水浴加热。回流浸提至规定时间，将回流液滤出后，再添加新溶剂回流，合并多次回流液，回收溶剂，即得浓缩液。

（2）循环回流冷浸法　是采用少量溶剂，通过连续循环回流进行提取，使药物有效成分提出的浸取方法。少量药粉可用索氏提取器提取，大生产时可采用循环回流冷浸装置。

7. 超临界流体萃取法

超临界流体萃取（supercritical fluid extraction，SCFE 或 SFE）是一种用超临界流体作为溶剂，对药材中有效成分进行萃取和分离的新型技术。超临界流体（supercritical fluid，SF）是指处于临界温度（T）和临界压力（P）下以流体形式存在的物质，兼有气、液两者的特点，同时具有液体的高密度和气体的低黏度双重特性。

超临界流体不仅具有液体的高密度和溶解度，而且具有气体的低黏度和扩散系数，因而具有较好的流动、传质、传热和渗透性能，对许多化学成分有很强的溶解能力。在临界点附近，压力和温度的微小变化可以对超临界流体的密度、扩散系数、表面张力、黏度、溶解度和介电常数等带来显著变化。它的这些特殊性质，使其在医药、化工、食品等方面获得广泛的应用。可用于超临界流体萃取的气体有二氧化碳、一氧化二氮、乙烷、乙烯、三氟甲烷、氮气和氢气等，二氧化碳因临界条件好、无毒、无腐蚀性、不污染环境、安全、价廉易得、可循环使用等优点，成为超临界流体萃取技术中最常用的超临界流体，称为超临界 CO_2

制药工艺基础

流体萃取法。常规超临界 CO_2 流体萃取过程如图 10-2 所示。

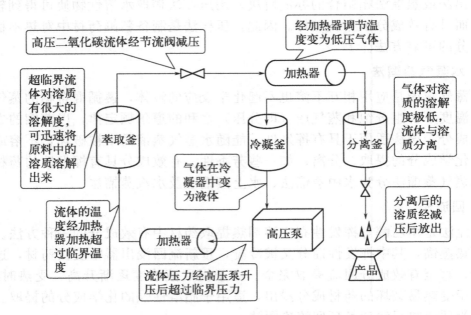

图 10-2　常规超临界 CO_2 流体萃取过程示意图

超临界 CO_2 流体萃取技术用于中药和天然药物有效成分的提取，其提取效率、提取时间、有效成分的含量和纯度都明显优于传统的提取方法。

超临界 CO_2 流体提取具有以下优点：

① CO_2 价廉易得，可以重复循环使用，有效地降低了成本；提取物无溶剂残留，产品质量好。

② 萃取温度接近室温或略高，特别适合于对湿、热、光敏感的物质和芳香性物质的提取，能在很大程度上保持各组分原有的特性。

③ 操作易于控制。超临界 CO_2 的萃取能力取决于流体的密度，可以容易地通过改变操作条件（温度和压力）而改变它的溶解度并实现选择性提取。

④ 萃取效率高、速度快，由于超临界 CO_2 流体的溶解能力和渗透能力强，扩散速度快，且萃取是在连续动态条件下进行，萃取出的产物不断地被带走，因而能将所要提取的成分完全提取，这一优势在挥发油提取中表现得非常明显。

⑤ 超临界 CO_2 具有抗氧化和灭菌作用，有利于保证和提高天然药物产品的质量。

8. 超声波提取法

超声波提取（ultrasonic extraction）是利用超声波具有的空化作用、机械效应及热效应，通过增大介质分子的运动速度、增大介质的穿透力，促进药物有效成分的溶解及扩散，缩短提取时间，提高药材有效成分的提取率。超声波提取工艺流程如图 10-3 所示。

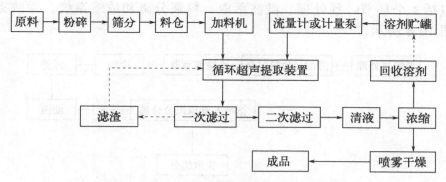

图 10-3　超声波提取工艺流程示意图

　　中药有效成分大多为细胞内产物，提取时往往需要将细胞破碎，而现有的机械或化学破碎方法有时难以取得理想的效果，所以超声破碎在中药的提取中显示出显著的优势。目前，超声提取技术在中药和天然药物的研发、中药制药质量的检测中已广泛使用。如采用 80％乙醇浸泡水芹，超声处理 30 分钟，连续提取 2 次，总黄酮的浸出率为 94.5％，而用醇提法仅为 73％。

　　与常规的煎煮法、浸提法、渗漉法和回流提取法等技术相比，超声波提取具有以下特点：

　　① 超声提取能增加所提取成分的提取率，提取时间短，操作方便；

　　② 在提取过程中无需加热，节约能源，适合于热敏性物质的提取；

　　③ 不改变所提取成分的化学结构，能保证有效成分及产品质量的稳定性；

　　④ 溶剂用量少；

　　⑤ 提取物有效成分含量高，有利于进一步精制。

　　超声提取技术在大规模提取时效率不高，所以在工业化生产中应用较少。随着对超声理论与实际应用的深入研究及超声设备的不断完善，超声提取在中药和天然药物提取工艺中将会有广阔的应用前景。

9. 微波提取法

　　微波（microwave，MW）通常是指波长为 1mm～1m(频率在 300MHz～300GHz)的电磁波。微波提取技术（microwave assisted extraction technique，MAET）是利用微波和传统的溶剂萃取法相结合后形成的一种新的萃取方法。微波提取法能在极短的时间内完成提取过程，其主要是利用微波强烈的热效应。被提取的极性分子在微波电磁场中快速转向及定向排列，由于相互摩擦而发热，保证能量的快速传递和充分利用，极性分子易于溶出和释放。介质中不同组分的理化性质不同，吸收微波能的程度也不同，由此产生的热量和传递给周围环境的热量也不同，从而将药材中的有效成分分别提取出来。

　　微波萃取技术在中药和天然药物提取中主要有两方面的应用：一是通过快速破坏细胞壁，加快有效成分的溶出；二是难溶性物质在微波的作用下溶解度增大，得到较好的溶解，提高了有效成分萃取的速度和收率。微波提取设备的生产线主要包括 4 个环节：预处理、微波萃取、料液分离和浓缩系统。微波提取工艺流程如图 10-4 所示。

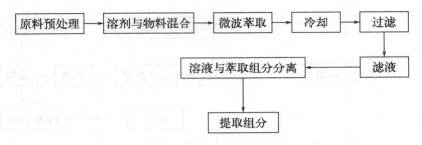

图 10-4　微波提取工艺流程示意图

例如，采用微波技术从甘草中提取甘草酸的最佳提取条件为以 5％氨水为提取溶剂，微波功率为 2000W，体系温度升至 60℃后保温提取 40 分钟。微波提取与索氏提取 4 小时、室温冷浸 44 小时的甘草酸收率相当。

与传统提取方法相比，微波萃取具有如下特点：

① 操作简单，萃取时间短，不会破坏敏感物质；

② 可供选择的溶剂多，用量少，溶剂回收率高，有利于改善操作环境并减少投资；

③ 对萃取物具有较高的选择性，有利于改善产品的质量；

④ 微波提取热效率高，节约能源，安全可控。

微波萃取仅适用于对热稳定的产物。微波萃取技术有一定的局限性，微波加热能导致对热敏感物质的降解、变性甚至失活；微波泄漏对操作者影响很大。

10. 半仿生提取法

半仿生提取法（semi-bionic extraction method，SBE）是为经消化道给药的中药制剂设计的一种新提取工艺。它是从生物药剂学的角度将整体药物研究法与分子药物研究法相结合，模拟口服给药后药物在胃肠道的转运环境，采用活性指导下的导向分离法。该法模仿口服药物在胃肠道的转运过程，采用选定 pH 的酸性水和碱性水依次连续提取药材，提取液依次过滤、浓缩，制成制剂，其目的是提取含指标成分高的"活性混合物"。由于这种方法的工艺条件更适合工业化生产实际，不可能完全与人体条件相同，故称为半仿生。

半仿生提取法既能体现中医临床用药综合作用的特点，又符合药物经胃肠道转运吸收的原理。同时，不经乙醇沉淀除去杂质，可避免有效成分损失，缩短生产周期，降低生产成本。亦可利用一种或几种指标成分的含量控制制剂内在质量。半仿生提取法的研究方向是以人为本，确保人的健康。但目前半仿生提取法仍沿袭高温煎煮方式，使许多有效活性成分被破坏，降低药效。

11. 酶提取技术

酶提取技术（enzyme extractive technique）是在传统提取方法的基础上，根据植物药材细胞壁的构成，利用酶反应所具有的极高催化活性和高度专一性等特点，选择相应的酶，将细胞壁的组成成分水解或降解。该法能够破坏细胞壁结构，使有效成分充分暴露出来，溶解、混悬或胶溶于溶剂中，从而使细胞内有效成分更容易溶解、扩散。由于植物提取过程中的屏障——细胞壁被破坏，因而酶法提取有利于提高有效成分的提取率。

中药和天然药物成分复杂，各种有效成分常与蛋白质、果胶、植物纤维、淀粉等杂质混杂。这些杂质一方面影响植物细胞中活性成分的浸出，另一方面也影响中药液体制剂的澄明度和中药制剂的稳定性。选用恰当的酶，通过酶反应在温和的条件下将影响液体制剂质量的杂质组分分解除去，加速有效成分的释放、提取。例如，许多药材含有蛋白质，采用常规提取法，在煎煮过程中，药材中的蛋白质遇热凝固，影响了有效成分的煎出。应用能够分解蛋白质的酶，如使用木瓜蛋白酶等，将药材中的蛋白质分解，可提高有效成分的提取率。

常用于植物细胞破壁的酶有纤维素酶、半纤维素酶、果胶酶以及多酶复合体（果胶酶复合体、葡聚糖内切酶）等。各种酶作用的对象与条件各不相同，需要根据药材的部位、质地，有针对性地选择相应的酶及酶解条件。用于动物药酶解的酶，根据不同的组织器官和提取成分的种类、性质，常选用脂肪酶以及各种蛋白酶（胰蛋白酶、胃蛋白酶等）。

酶提取技术对实验条件要求比较高，为使酶提取技术发挥最大作用，需先通过实验确定，掌握最适合的温度、pH 及作用时间等，因而存在一定的局限性。

12. 超高压提取技术

超高压提取技术（ultrahigh-pressure extraction，UHPE）是指在常温下用100～1000MPa 的流体静压力作用于提取溶剂和药材的混合液上，并在预定压力下保持一段时间，使植物细胞内外压力达到平衡后迅速卸压，由于细胞内外渗透压力忽然增大，细胞膜的结构发生变化，使得细胞内的有效成分能够穿过细胞的各种膜而转移到细胞外的提取溶剂中，达到提取有效成分目的的一种方法。

超高压提取一般步骤如下。

① 原料筛选：从原药材中筛选所需的叶、根茎等。

② 预处理：药材的干燥、粉碎、脱脂等前处理。

③ 与溶剂混合：药材与提取溶剂按照一定的料液比混合后包装并密封。

④ 超高压处理：按照设定的工艺参数进行处理。

⑤ 除去提取液中的残渣：一般采用离心或过滤的方法。

⑥ 挥干溶剂：用减压蒸馏、膜分离法等处理。

⑦ 纯化：进行萃取、色谱、重结晶等纯化处理。

⑧ 得到有效成分，进行相关的定性鉴别和定量测定。

超高压提取工艺流程如图 10-5 所示。

超高压提取技术在中药和天然药物有效成分提取方面具有许多独特的优势。该提取工艺提取效率高，提取产物生物活性高，提取液稳定性好，耗能低，适用范围广，操作简单，溶剂用量少，并且超高压提取是在密闭环境下进行的，没有溶剂挥发，不会对环境造成污染，是一种绿色提取技术。

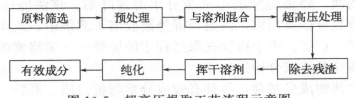

图 10-5　超高压提取工艺流程示意图

超高压条件下虽然不会影响生物小分子的结构，但能够影响蛋白质、淀粉等生物大分子的立体结构。并当药材中含有大量淀粉时，压力过高可引起淀粉的糊化而阻碍有效成分溶入提取溶剂中。因此，超高压提取技术不适于提取活性成分主要为蛋白质类的中药和天然药物。此外，超高压提取需要有特定的提取设备。该提取技术的应用处于刚刚起步阶段，提取工艺参数的协同效应及优化等问题还需进一步研究。

第四节　分离纯化工艺

中药、天然药物品种多、来源复杂，通过各种方法浸提后得到的药材提取液往往是混合物，需进一步除去杂质，经过分离、纯化、精制，才能得到所需要的有效成分或有效部位。具体的分离纯化方法要根据粗提取液的性质、制剂所选剂型，选择适宜的方法与条件来确定。

分离纯化的目的是将无效成分、组织成分甚至有害成分除去，尽量保留有效成分或部位，为制剂提供合格的原料或半成品。

一、分离工艺与方法

将固体-液体非均相体系用适当的方法分开的过程称为固-液分离。常用的分离方法有沉降分离法、滤过分离法和离心分离法等。

1. 沉降分离法

沉降分离法是利用固体物质与液体介质密度悬殊，固体物质靠自身重量自然下沉，进而发生相对运动而分离的操作。沉降分离方法分离不够完全，往往还需要进一步滤过或离心分离。但它能够去除大量杂质，有利于进一步的分离操作，实际生产中常采用。对料液中固体物质含量少、粒子细而轻者，不宜采用沉降分离法。

2. 滤过分离法

滤过分离法是将固-液混悬液通过多孔介质，使固体质子被介质截留，液体经介质孔道流出，从而实现固-液分离的方法。当有效成分为可溶性成分时取滤液；当有效成分为固体沉淀物或结晶时则取滤饼；当滤液和滤饼均为有效成分时，应分别收集。常用的滤过方法有常压滤过、减压滤过和加压滤过。

3. 离心分离法

离心分离法是将待分离的料液置于离心机中，借助离心机的高速旋转，使料液中的固体与液体或两种不相混溶的液体产生大小不同的离心力，从而达到分离目的。该法是目前较普遍使用的一种分离方法。离心分离法的优点是生产力大、耗时少、分离效果好、成品纯度高。适于离心分离的料液应为非均相系，包括液-固混合系（混悬液）和液-液混合系（乳浊液）。一般制剂生产中，遇到含水量较高、所含不溶性微粒粒径很小或黏度很大的滤液，或需将两种密度不同且不相混溶的液体混合物分开，而其他方法难以实现时，可用适当的离心设备进行分离。

二、纯化工艺与方法

纯化是采用适当的方法和设备除去药材提取液中杂质的操作。常用的方法有水提醇沉法、醇提水沉法、改变杂质环境条件法、盐析法、色谱法、絮凝澄清技术、膜分离技术、蒸馏分离技术、大孔吸附树脂法和双水相萃取技术等。

1. 水提醇沉法

水提醇沉法是先以水为溶剂提取药材的有效成分，再用不同浓度的乙醇沉淀除去提取液中杂质的方法。其基本原理是利用药材中大多数有效成分（如苷类、生物碱、多糖等）易溶于水和醇的特点，用水提出，并将提取液浓缩，加入适当的乙醇和稀乙醇反复数次沉降，除去不溶解的杂质，从而达到与有效成分分离的目的。

2. 盐析法

盐析法是在药材提取液中加入无机盐至一定浓度，或达到饱和状态，可使某些成分在水中溶解度降低，从而与其他成分分离的一种方法。盐析法主要适用于有效成分为蛋白质的药物，既能使蛋白质分离纯化，又不致使其变性。此外，盐析法也常用于挥发油的纯化。

例如，从大麦中提取淀粉酶，大麦种子 25～27℃发芽 7 天，麦芽捣碎，压汁，在汁液中加入硫酸铵盐析，沉淀物冷冻干燥，磨粉，即为淀粉酶。

常用作盐析的无机盐有氯化钠、硫酸钠、硫酸镁和硫酸铵等。

3. 色谱法

色谱法（chromatography）是分离纯化和定性定量鉴定中药有效成分的重要方法之一。其基本原理是利用混合样品各组分在互不相溶的两相溶剂之间分配系数的差异（分配色谱）、各组分对吸附剂吸附能力的不同（吸附色谱）、分子大小的差异（排阻色谱）或其他亲和作用的差异来进行反复吸附或分配，从而使混合物中的各组分得以分离。

在中药、天然药物提取物中，往往含有结构相似、理化性质相似的几种成分的混合物，用一般的化学方法很难分离，可用色谱法将它们分开。在提取、分离得到有效成分时，往往含有少量结构类似的杂质，不易除去，也可用色谱法除去杂质得到纯品。根据各组分在固定相中的作用原理，不同色谱法可分为吸附色谱、分配色谱、离子交换色谱和排阻色谱等；根据载体及操作条件的不同，分为纸色谱、薄层色谱、柱色谱、高效液相色谱和气相色谱等。

4. 膜分离技术

膜分离技术（membrane separation technique）是用天然或人工合成的、具有选择性的薄膜为分离介质，在膜两侧一定推动力（如压力差、浓度差、温度差和电位差等）的作用下，使原料中的某组分选择性地透过膜，从而使混合物得以分离，达到提纯、浓缩等目的的分离过程。使用膜分离技术，可以在原生物体系环境下实现物质分离的目的，可以高效浓缩富集产物，有效地去除杂质。

膜分离是一个高效的分离过程，可以实现高纯度的分离；大多数膜分离过程不发生相的变化，且通常在室温下进行，能耗较低，特别适用于热敏性物质的分离、分级、提纯或浓缩；而且适于从病毒、细菌到微粒广泛范围的有机物和无机物的分离及许多理化性质相近的混合物（共沸物或近沸物）的分离。选用合适材质和孔径的滤膜是膜分离技术的关键。中药、天然药物化学成分非常复杂、类型繁多，不同孔径的膜和不同材料制成的膜对不同类型有效成分的截留率和吸收率不同。因此，应根据药液所含的有效成分，选择适宜规格的超滤膜。目前应用于中药和天然药物生产工艺过程中的膜分离技术有微滤（microfiltration，MR）、超滤（ultrafiltration，UF）、纳滤（nanofiltration，NF）、反渗透（reverse osmosis，RO）、渗析（dialysis）、电渗析（electrodialysis，ED）、气体分离（gas permeation，GP）和渗透汽化（pervaporation，PV）等。

5. 蒸馏分离技术

蒸馏分离技术是利用物质挥发程度的差异实现液体混合物分离的一系列技术的总称，其基本原理是利用混合物中各组分的沸点不同而进行分离。液体物质的沸点越低，其挥发度就越大，因此将液体混合物沸腾并使其部分汽化和部分冷凝时，挥发度较大的组分在气相中的浓度就比在液相中的浓度高；相反地，难挥发组分在液相中的浓度高于在气相中的浓度，故将气、液两相分别收集，可达到分离的目的。

（1）水蒸气蒸馏　根据道尔顿（Dalton）定律，当与水不相混溶的物质与水一起存在时，整个体系的蒸气压力等于该温度下各组分蒸气压（即分压）之和。当混合物中各组分的蒸气压总和等于外界大气压时，这时的温度即为它们的共沸点，此沸点较任意一个组分的沸点都低。因此，在常压下应用水蒸气蒸馏（vapour distillation），就能在低于100℃的情况下将高沸点组分与水一起蒸出来。此法特别适用于分离那些在其沸点附近易分解的物质，也用于从不挥发物质或不需要的树脂状物质中分离出所需的组分。

（2）分子蒸馏技术　分子蒸馏（molecular distillation，MD）又称为短程蒸馏（short-path distillation），是一种在高真空度下进行分离精制的连续蒸馏过程。在压力和温度一定的条件下，不同种类的分子由于分子有效直径的不同，其分子平均自由程也不同。从统计学观点来看，不同种类的分子逸出液面后不与其他分子碰撞的飞行距离是不同的，轻分子的平均自由程大，重分子的平均自由程小。如果冷凝面与蒸发面的间距小于轻分子的平均自由程，而大于重分子的平均自由程，这样轻分子可达到冷凝面被冷却收集，从而破坏了轻分子的动态平衡，使轻分子不断逸出。重分子因达不到冷凝面相互碰撞而返回液面，很快趋于动态平衡，不再从混合液中逸出，从而实现混合物的分离。

分子蒸馏技术适用于高沸点、热敏性、易氧化的物料，尤其是对温度较为敏感的挥发油的提取分离。该法可脱除液体中的低分子量物质（如有机溶剂、臭味等），所得到的产品安全、品质好。例如，玫瑰精油为热敏性物质，常规的蒸馏方法温度高，加热时间过长会引起其中某些成分的分解或聚合。利用分子蒸馏技术对超临界提取的玫瑰粗油进行精制：操作真空度为30Pa，加热器的温度从80℃开始，每次递增10℃，对玫瑰粗油进行单级多次分子蒸馏，在80～120℃的沸程温度下能得到品质较好的玫瑰精油，收率为56.4％。

分子蒸馏物料在进料时为液态，可连续进、出料，有利于产业化大生产，且工艺简单、操作简便、运行安全。

与传统蒸馏相比，分子蒸馏有如下特点：

① 操作温度低，可大大节省能耗；

② 蒸馏压强低，需在高真空度下操作；

③ 受热时间短；

④ 分离程度及产品收率高；

⑤ 分子蒸馏是不可逆过程。

6. 大孔吸附树脂法

大孔吸附树脂（macroporous adsorption resin）是一种非离子型高分子聚合物吸附剂，具有大孔网状结构，其物理化学性质稳定，不溶于酸、碱及各种有机溶剂，不受无机盐类及强离子、低分子化合物存在的影响。大孔吸附树脂比表面积大、吸附与洗脱均较快、机械强度高、抗污染能力强、热稳定性好，在水溶液和非水溶液中都能使用。不同于以往使用的离子交换树脂，大孔吸附树脂通过物理吸附和树脂网状孔穴的筛分作用，达到分离提纯目的。

中药、天然药物提取液体积大、杂质多、有效成分含量低，使用大孔吸附树脂既可除去大量杂质，又使有效成分富集，完成了除杂和浓缩两道工序。如人参茎叶中含有可作为药用的人参皂苷，但含量低，用一般方法提取麻烦。若用大孔吸附树脂，即将人参茎叶煮提3次，通过树脂柱处理即得人参皂苷粗品。其提取工艺流程如图10-6所示。

大孔吸附树脂与以往的吸附剂（活性炭、分子筛和氧化铝等）相比，其性能非常突出，主要是吸附量大、容易洗脱、有一定的选择性、强度好、可以重复使用等。特别是可以针对不同的用途设计树脂的结构，因而使吸附树脂成为一个多

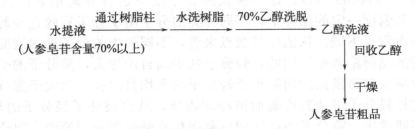

图 10-6　人参皂苷的大孔吸附树脂提取工艺流程

品种的系列，在中药和天然药物、化学药物及生物药物分离等多方面显示出优良的吸附分离性能。

第五节　浓缩与干燥工艺

浓缩与干燥是中药和天然药物制药工艺中重要的基本操作。浓缩与干燥技术的应用是否适宜，将直接影响产品的质量、使用以及外观等。因此，在生产过程中如何根据不同的生产工艺要求、提取液的物性以及浓缩后物料的性质和剂型特点等，选择适宜的浓缩与干燥技术和装备是十分重要的。

一、浓缩工艺与方法

浓缩过程是用加热的方法，利用蒸发原理，使溶液中部分溶剂汽化而被分离除去，以提高溶液的浓度。由于药物性质不同，浓缩方法也不同。

1. 煎煮浓缩

煎煮浓缩是利用蒸发原理，使一部分溶剂汽化而达到浓缩的目的。蒸发时，溶剂分子从外界吸收能量，克服液体分子间引力和外界阻力而逸出液面。按照蒸发操作过程中所采用压力的不同，可将蒸发过程分为常压浓缩和减压浓缩。

（1）常压浓缩　是料液在 1 个大气压下进行的蒸发浓缩。被浓缩药液中的有效成分是耐热的，而溶剂无燃烧性、无毒害、无经济价值，可用此法进行浓缩。其特点是液体表面压力大，蒸发需较高温度，液面浓度高、黏度大，因而使液面产生结膜现象而不利于蒸发，通过搅拌可提高蒸发强度。中药水提取液常压浓缩时，蒸发时间长，加热温度高，热敏性有效成分容易被破坏、炭化而影响药品质量，且设备易结垢，故应用受到限制。

（2）减压浓缩　又称减压蒸发，是使蒸发器内形成一定的真空度，使料液的沸点降低，进行沸腾蒸发的操作。减压浓缩由于溶液沸点降低，能防止或减少热敏性成分的破坏；增大传热温度差，强化蒸发操作；并能不断地排出溶剂蒸气，有利于蒸发顺利进行；同时，沸点降低，可利用低压蒸汽或废气加热。由于减压浓缩优点多于缺点，故其在生产中应用较普遍。

2. 薄膜浓缩

薄膜浓缩（film concentration）是利用料液在蒸发时形成薄膜，增大汽化表面进行蒸发的方法。其特点是浸出液的浓缩速度快，受热时间短；不受料液静压和过热影响，成分不易被破坏；能连续操作，可在常压或减压下进行；能将溶剂回收重复利用。

薄膜蒸发的进行方式有两种：一是使液膜快速流过加热面进行蒸发；二是使料液剧烈沸腾而产生大量泡沫，以泡沫的内外表面为蒸发面进行蒸发。前者在很短的时间内能达到最大蒸发量，但蒸发速度与热量供应间的平衡较难把握，药液变稠后容易黏附在加热面上，加大热阻，影响蒸发，故很少使用；后者目前使用较多，常通过流量计来控制料液的流速，以维持液面恒定，否则也容易发生前者的弊端。

3. 多效浓缩

在中药和天然药物制药工艺中，要使用大量的水（或乙醇等）从药材中提取有效物质，浸提液还要经蒸发浓缩蒸走大量溶剂水（或乙醇等）才能制得中间原料浸膏。大量水或乙醇的蒸发需要消耗大量的加热蒸汽，减少加热蒸汽消耗量的方法有两种：一是减少提取过程中的溶剂量；二是开发二次蒸汽剩余热量的利用。

多效浓缩（multi-effect evaporation）是将蒸发器串联在一起，将前一效产生的二次蒸汽引入后一效作为加热蒸汽，组成双效浓缩器；将二效的二次蒸汽引入三效作为加热蒸汽，组成三效浓缩器；同理，组成多效浓缩器。最后一效引出的二次蒸汽进入冷凝器被冷凝成水而除去。

二、干燥工艺与方法

干燥是利用热能使物料中湿分蒸发或借助冷冻使物料中的水结冰后升华而被除去的工艺操作。干燥的目的是除去某些固体原料、半成品或成品中的水分或溶剂，以便于贮存、运输、加工和使用，提高药物的稳定性，保证药物质量。

由于在中药和天然药物生产中被干燥物料的性质、预期干燥程度、生产条件等不同，所采用的干燥方法也不尽相同。常见的干燥方法有厢式干燥法、气流干燥法、喷雾干燥法、真空干燥法、沸腾干燥法、冷冻干燥法、辐射干燥法和吸湿干燥法等。

1. 厢式干燥法

厢式干燥又称室式干燥，是一种间歇式的干燥器，一般小型的称为烘箱，大型的称为烘房。厢式干燥主要是以热风通过湿物料的表面达到干燥的目的。热风沿着湿物料的表面通过，称为水平气流厢式干燥器；热风垂直穿过物料，称为穿流气流厢式干燥器。

厢式干燥器广泛应用于干燥时间较长、处理量较小的物料系统，主要适用于各种颗粒状、膏糊状物料的干燥。该设备的优点是结构简单，设备投资少，适应性强，物料破损及粉尘少；其缺点是干燥时间长，每次操作都要装卸物料，劳动强度大，设备利用率低。

2. 气流干燥法

气流干燥是采用加热介质（空气、惰性气体、燃气或其他热气体）在管内流动来输送被干燥的分离状的颗粒物料，使被干燥的固体颗粒悬浮于流体中，增加气-固两相接触面积，以气流方式向湿物料供热，汽化后生成的水汽也由气流带走，出来的物料湿分大大降低而达到干燥目的。气流干燥法的优点是干燥速率高，干燥时间短，生产能力较大，相对来说设备投资较低，操作控制方便；该法的主要缺点是干燥管太长，整个系统的流体阻力很大，因此动力消耗大。

气流干燥适用于粉末状或颗粒状物料的干燥，对于泥状、膏糊状及块状的湿物料应配置粉碎机或分散器，使泥状、膏糊状及块状的湿物料同时进行粉碎并干燥。因为气体流速较高，粒子有一定的磨损，对晶体有一定要求的物料不宜采用本法，对管壁黏附性很强的物料、需干燥至临界湿含量以下的物料均不适用，此外本法对除尘系统要求较高。

3. 喷雾干燥法

喷雾干燥是采用雾化器将一定浓度的液态物料（溶液、乳浊液和悬浮液）喷射成细小雾滴，并用热气体与雾滴接触，雾滴中湿分被热气流带走，从而使之迅速干燥，获得粉状或颗粒状制品的方法。

在喷雾干燥过程中，由于雾滴群的表面积很大，所以物料所需的干燥时间很短，只有数秒至数十秒钟。在高温气流中，雾滴表面温度不会超过干燥介质的温度，加上干燥时间短，最终产品的温度不高，故适合于热敏性物料的干燥。由于喷雾干燥能直接将溶液干燥成粉末或颗粒状产品，且能保持物料原有的色、香、味以及生物活性，所以是目前中药生产过程采用较多的一种理想干燥方法。

喷雾干燥的缺点是所用设备容积较大，热效率不高；更换品种时设备清洗较麻烦，操作弹性小；干燥过程中塔壁会发生粘壁、吸湿及结块等现象。

4. 真空干燥法

真空干燥又称减压干燥，是将被干燥物料处于真空条件下进行加热干燥，利用真空泵抽出由物料中蒸出的水汽或其他蒸气，以此达到干燥的目的。真空干燥法干燥温度低，干燥速度较快，干燥物疏松易于粉碎，整个干燥过程系统密闭操作，减少了药物与空气的接触，减轻了空气对产品质量的影响，且干燥物料的形状基本不改变。真空干燥适用于热敏性物料；易于氧化性物料；湿分是有机溶剂，其蒸气与空气混合具有爆炸危险的物料等。

5. 沸腾干燥法

沸腾干燥又称流化干燥，是利用热空气流使湿颗粒悬浮，呈流态化，似沸腾状，热空气在湿颗粒间通过，在动态下进行热交换，带走水汽而达到干燥的方法。

流化干燥的气流阻力较小，物料磨损较轻，热利用率较高；干燥速度快，产品质量好，产品干、湿度均匀，适用于湿颗粒物料，如颗粒剂、片剂制备过程中湿颗粒的干燥和水丸的干燥；干燥过程中没有杂质带入；干燥时不需翻料，且能自动出料，大大降低了劳动强度，适用于大规模生产。但流化干燥热能消耗大，清扫设备较麻烦，尤其是有色颗粒干燥时给清洁工作带来困难。

6. 冷冻干燥法

冷冻干燥又称升华干燥，是将被干燥液体物料先冻结成冰点以下的固体，然后在高真空条件下加热，使水蒸气直接从固体中升华出来而除去，从而达到干燥的方法。冷冻干燥过程包括冻结、升华和再干燥3个阶段。该法特点是物料在冷冻、真空条件下进行干燥，可避免产品因高热而变质，挥发性成分的损失较小或破坏极小，产品质量好；干燥后产品稳定、质地疏松；质量轻、体积小、含水量低，能长期保存而不变质；但冷冻干燥设备投资和操作费用均很大，产品成本高，价格贵。

7. 辐射干燥法

辐射干燥是利用湿物料对一定波长电磁波的吸收并产生热量将水分汽化的干燥过程。按频率由高到低，红外线、远红外线、微波和高频加热方法在生产上均有应用。常用的有红外线干燥法和微波干燥法。

（1）红外线干燥法　红外线干燥是利用红外线辐射器产生的电磁波被含水物料吸收后产生强烈振动，直接转变为热能，使物料中水分或其他湿分汽化，从而达到干燥目的的方法。常用的辐射干燥是利用远红外线的远红外干燥。远红外线干燥速率快、产品质量好，适用于热敏性大的物料的干燥，特别适用于熔点低、吸湿性强的物料的干燥。

（2）微波干燥法　微波干燥是将物料置于高频场内，由于高频电场的交换作用，使物料加热达到干燥目的的一种方法。在中药生产中，微波干燥所用频率主要为915MHz和2450MHz两种，后者在一定条件下兼有灭菌功能。由于微波可以穿透至物料内部，物料表面和内部同时被均匀加热，所以热效率高，干燥时间短，干燥后的物料保留原有的色、香、味和组织结构，产品质量高。但微波干燥设备投资费用较大，而且微波对人体有不良影响，应特别注意微波的泄漏和防护。

8. 吸湿干燥法

吸湿干燥是将湿物料置于干燥器内，用吸湿性很强的物质作干燥剂，使物料得到干燥的一种方法。数量小、含水量较低的药品可用吸湿干燥法进行干燥。有些药品或制剂不能用较高的温度干燥，采用真空低温干燥又会使某些制剂中的挥发性成分损失，可用适当的干燥剂进行吸湿干燥。根据被干燥物料的种类和数量不同，可选择不同的干燥剂。常用的干燥剂有分子筛、硅胶、氧化钙、五氧化二磷和浓硫酸。

习 题

一、填空题

1. 中药材的成分包括_____、_____、_____和组织物质。

2. 中药浸提过程的三个阶段为_____、_____、扩散。

3. 现代中药制药工艺研究的对象是_____，主要研究内容包括中药及天然药物的_____、中药有效成分的_____、_____、_____、_____。

4. 常用的浸提溶剂有_____、_____、_____、氯仿、石油醚等。

二、单选题

1. 超临界萃取法常用的流体是（   ）。

A. N_2 B. O_2 C. H_2 D. CO_2

2. 下列不属于传统浸提工艺的是（   ）。

A. 煎煮   B. 回流   C. 超临界萃取   D. 浸渍法

3. 水作为提取时常用的溶剂有一定的不足，其不足表现在（   ）。

A. 溶解范围广   B. 经济易得

C. 提取液中杂质多   D. 极性大

4. 下列关于影响提取液过滤速度的因素，描述正确的是（   ）。

A. 滤材的面积和滤速成反比   B. 滤层两侧的压力差和滤速成正比

C. 溶液的黏度和滤速成正比   D. 溶液的密度和滤速成正比

5. 利用小分子物质在溶液中可通过半透膜，而大分子物质不能通过的性质，借以达到分离的一种方法是（   ）。

A. 透析法   B. 盐析法   C. 离心法   D. 沉降法

6. 液体在一个大气压下进行的浓缩称为（   ）。

A. 常压浓缩   B. 减压浓缩   C. 高压浓缩   D. 中压浓缩

7. 水分在物料中存在的状态有三种，通过一般的加热汽化即可除去的是（   ）。

A. 表面水   B. 毛细管中的水 C. 细胞内的水   D. 结合水

8. 物料在干燥时容易出现假干燥现象，出现该现象的原因是（   ）。

A. 干燥的温度过低，速度快   B. 干燥的温度高，速度慢

C. 干燥的温度高，速度快   D. 干燥的温度过低，速度慢

9. 影响干燥的因素包括压力、水分的存在方式以及（   ）。

A. 干燥速度及方法   B. 干燥介质的温度、湿度与流速

C. 物料的性质

三、多选题

1. 浸提溶剂中加酸的目的主要是（   ）。

A. 促进生物碱的浸出，可以提高生物碱的溶解度

B. 酸可以使有机酸游离，便于用有机溶剂浸提

C. 利用酸除去不溶于酸的杂质

2. 常用的提取中药的方法有（　　　）。

A. 煎煮法　　　　　B. 浸渍法　　　　　C. 渗漉法

3. 常用的分离方法有（　　　）。

A. 离心法　　　　　B. 沉淀法　　　　　C. 过滤法

4. 薄膜蒸发器按其结构主要分为（　　　）。

A. 升膜式薄膜蒸发器　　　　　　B. 降膜式薄膜蒸发器

C. 刮板式薄膜蒸发器

5. 常用的干燥方法有（　　　）。

A. 气流干燥　　　　B. 流化干燥　　　　C. 喷雾干燥

四、判断题

1. （　　）常用的过滤方法有常压过滤、减压过滤、加压过滤等。

2. （　　）浸渍法常用水作溶剂，这样利于有效成分的提取。

3. （　　）水提醇沉法是向提取液中直接加入乙醇的方法。

4. （　　）在适当的范围内提高空气的温度，会加快蒸发速度，加大蒸发量，有利于干燥。

5. （　　）常压蒸发适用于不耐热的中药浸提液及多数含生物碱、苷及维生素等有效成分的浸提液的浓缩。

6. （　　）在一定温度下单位时间内的蒸发量与蒸发面积大小成正比，蒸发面积越大蒸发越快。

五、名词解释

1. 中药材
2. 炮制
3. 水蒸气蒸馏法
4. 盐析
5. 浸提技术
6. 浸渍法
7. 渗漉法

六、简答题

1. 简述中药提取后精制的方法。
2. 简述超声提取技术的优点。
3. 简述超临界流体萃取技术的优点。
4. 简述升膜式薄膜蒸发器的操作方法及适用范围。

第十一章

生物制药工艺

知识目标

1. 了解并掌握生物药物的概念、性质及分类；
2. 掌握生物制药工艺学的研究内容；
3. 熟悉并掌握抗生素生产工艺；
4. 掌握生物制药的一般生产工艺过程。

技能目标

1. 能够说出生物药物不同于化学药物的性质；
2. 能够说出典型抗生素的生产工艺；
3. 能够说出抗生素工业生产中的质量控制要点。

思政素质目标

强化"质量第一"的药品质量管理理念，强化从事药品生产的职业责任感和使命感，并树立崇高的职业理想。

第一节　概述

一、生物药物的概念

生物药物（biopharmaceuticals）是指运用生物学、医学、生物化学等的研究成果，利用生物体、生物组织、体液或其代谢产物（初级代谢产物和次级代谢产物），综合应用化学、生物技术、分离纯化工程和药学等学科的原理与方法加工制成的一类用于预防、治疗和诊断疾病的物质。

生物药物包括从动物、植物、海洋生物、微生物等生物原料制取的各种天然生物活性物质及其人工合成或半合成的天然物质类似物。

抗生素、生化药物、生物制品等均属于生物药物的范畴。抗生素是来源于微生物，利用发酵工程生产的一类主要用于治疗感染性疾病的药物。生化药物是从生物体分离纯化所得的一类结构上十分接近人体内正常生理活性物质，具有调节人体生理功能，达到预防和治疗疾病目的的物质。生物技术的应用使得生化药物的数量日渐增多，目前把利用现代生物技术生产的此类药物称为生物技术药物或基因工程药物。生物制品是直接使用病原生物体及其代谢产物或以基因工程、细胞工程等技术制成的，主要用于人类感染性疾病的预防、诊断和治疗的制品，包括各种疫苗、抗毒素、抗血清、单克隆抗体等。

生物药物的特点表现为：生物药物的有效成分在生物材料中浓度都很低，杂质的含量相对比较高；它们分子大，组成、结构复杂，而且具有严格的空间构象，以维持其特定的生理功能；对热、酸、碱、重金属及 pH 变化和各种理化因素都较敏感。

二、生物药物的性质

1. 药理学特性

新陈代谢是生命的基本特征之一，生物体的组成物质在体内进行的代谢过程都是相互联系、相互制约的。疾病的产生主要是机体受到内外环境改变的影响，使起调控作用的酶、激素、核酸及蛋白质等生物活性物质自身或环境发生障碍而导致的代谢失常。如酶催化或抑制作用的失控，导致产物过多积累而造成中毒或底物大量消耗而得不到补偿。正常机体在生命活动中之所以能战胜疾病、保持健康状态，就在于生物体内部具有调节、控制和战胜各种疾病的物质基础和生理功能。所以利用结构与人体内的生理活性物质十分接近或相同的物质作为药物，在药理学上对机体就具有更高的生化机制合理性和特异疗效性。此类药物在临床上表现出以下特点。

（1）治疗的针对性强、疗效高　在机体代谢发生障碍时应用与人体内的生理活性物质十分接近或类同的生物活性物质作为药物来补充、调整、增强、抑制、替换或纠正代谢失调，结果有效，显示出针对性强、疗效高、用量小的特点。如细胞色素 C 为呼吸链的重要组成，用它治疗因组织缺氧而引起的一系列疾病效果显著。

（2）营养价值高、毒副作用小　氨基酸、蛋白质、糖及核酸等均是人体维持正常代谢的原料，因而生物药物进入人体后易被机体吸收利用并直接参与人体的正常代谢与调节。

（3）免疫性副作用常有发生　生物药物是由生物原料制得的，因为生物进化的不同，甚至相同物种不同个体之间的活性物质结构都有较大差异，尤以大分子蛋白质更为突出。这种差异的存在，导致在应用生物药物时常会表现出免疫反应、过敏反应等副作用。

2. 原料的生物学特性

（1）原料中有效成分含量低、杂质多　胰岛中胰岛素含量仅为 0.002%，因此生产工艺复杂、收率低。

（2）原料的多样性　生物材料可来源于人、动物、植物、微生物、海洋生物等天然的生物组织、体液和分泌物，也可来源于人工构建的工程细菌、工程细胞及人工免疫的动、植物。因而生产方法、制备工艺也呈现出多样性和复杂性。要求从事生物药物研究、生产的技术人员要有宽广的知识结构。

（3）原料的易腐败性　生物药物的原料及产品均为高营养物质，极易腐败、染菌，易被微生物代谢所分解或被自身的代谢酶所破坏，造成有效物质活性丧失，产生热原或致敏物质。

因此，对原料的保存、加工有一定的要求，尤其对温度、时间和无菌操作等有严格要求。

3. 生产制备的特殊性

生物药物多是以其严格的空间构象维持其生理活性，所以生物药物对热、酸、碱、重金属及 pH 变化等各种理化因素都较敏感，甚至机械搅拌、压片机冲头的压力、金属器械、空气、日光等对生物活性都会产生影响。为确保生物药物的有效药理作用，从原料处理、制造工艺过程、制剂、储存、运输到使用等各个环节都要严加控制。为此，生产中对温度、pH、溶解氧浓度、CO_2 浓度、生产设备等生产条件及生产管理，根据产品的特点均有严格要求，对制品的有效期、储存条件和使用方法均须做出明确规定。

4. 检验的特殊性

生物药物的功能与其结构有着严格的对应关系。因此生物药物不仅有理化检验指标，更要有生物活性检验指标和安全性检验指标等。

5. 剂型要求的特殊性

生物药物易于被人体胃肠道环境变性、酶解，给药途径可直接影响其疗效的发挥，因而对剂型大都有特殊要求。如对胰岛素依赖型的糖尿病，需将胰岛素制成缓释型、控释型等剂型才能达到更好的疗效。

三、生物药物的分类

生物药物可按照其来源、药物的化学本质和化学特性、生理功能及临床用途等不同方法进行分类。综合生物药物的原料、结构和功能，一般可分为生化药物、微生物类药物、基因工程药物和生物制品。

（1）生化药物

① 氨基酸类药物及其衍生物；

② 多肽和蛋白质类药物：

③ 酶类药物；

④ 核酸及其降解物和衍生物；

⑤ 多糖类药物；

⑥ 脂类药物；

⑦ 维生素与辅酶。

（2）微生物类药物

① 抗生素；

② 酶抑制剂；

③ 免疫调节剂。

（3）基因工程药物　包括重组多肽与蛋白质类激素、溶栓类药物、细胞因子、重组疫苗、单克隆抗体等。

（4）生物制品

① 以人体或动物的组织为原料制备的药物，如人血液制品、人胎盘制品和人尿制品，人胰岛素和牛、猪胰岛素，生长素等。

② 现代生物技术生产的具有预防、治疗、诊断作用的药品，包括各种疫苗、抗血清、抗毒素、免疫制剂等。

四、生物制药工艺学的研究内容

生物制药是利用生物体或生物过程在人为设定的条件下生产各种生物药物的技术，研究的主要内容包括各种生物药物的原料来源及其生物学特性、各种活性物质的结构与性质、结构与疗效间的相互关系、制备原理、生产工艺及其质量控制等。

现代生物技术已成为生物制药技术的共同发展方向。基因工程的应用、蛋白质工程的发展，不仅改造了生物制药的旧领域，还开创了许多新领域。如人生长素的生产因有了基因工程，不再受原料来源的限制，可为临床提供有效的保障；利用蛋白质工程修饰改造的人胰岛素具有更稳定的性质，提高了疗效；利用植物可生产抗体；利用酵母细胞生产核酸疫苗等。

生物制药工艺学是一门从事各种生物药物研究、生产和制剂的综合性应用技术学科，其内容包括生化制药工艺、微生物制药工艺、生物技术制药工艺、制品及相关的生物医药产品的生产工艺等。

现代生物制药工艺学研究的重点是各类生物药物的原料来源及其生物学特性、活性物质的结构、性质、制备原理、生产工艺和质量控制。

生化制药工艺包含的技术内容主要涉及生化药物的来源、结构、性质、制备原理、生产工艺、操作技术和质量控制等方面，并且随着现代生物化学、微生物学、分子生物学、细胞生物学和临床医学的发展，尤其现代生物技术、分子修饰和化学工程等先进技术的应用，促进了生化药物技术的发展。

微生物制药工艺研究的主要内容包括微生物的菌种选育、发酵工艺、发酵产物的提炼及质量控制等问题。重组 DNA 技术在微生物菌种改良中起到越来越重要的作用。同时微生物不仅可以生产小分子药物，而且以微生物为操作对象，更容易进行基因工程改造，生产多肽、蛋白质类药物。微生物已经成为现代生物药物表达和生产的主要宿主之一。

生物技术制药是利用现代生物技术生产多肽、蛋白质、酶和疫苗、单克隆抗体等，生物技术药物新品种、新工艺的开发及产品的质量控制是生物技术制药研究的重要内容。

总而言之，现代生物制药工艺学是一门生命科学与工程技术理论和实践紧密结合的崭新的综合性制药工程学科。其具体任务是讨论：生物药物来源及其原料药物生产的主要途径和工艺过程；生物药物的一般提取、分离、纯化、制造原理和方法；各类生物药物的结构、性质、用途及其工艺和质量控制。

第二节　生物制药的生产工艺过程及优化

一、生物制药的生产工艺过程

生物药物的提取和纯化可分为 5 个主要步骤：预处理、固液分离、浓缩、纯化和产品定型（干燥、制丸、挤压、造粒、制片）。每一步骤都可采用各种单元操作，在提取纯化过程中，要尽可能减少操作步骤，因为每一操作步骤都不可避免地会带来损失，操作步骤过多，总收率会下降。生化药物提取工艺流程的基本模式如图 11-1 所示。

生物材料、发酵或培养液

↓

预处理(清洗、加热、调pH、凝聚、絮凝)

↓

细胞分离(沉淀、离心、过滤)
↓ → 上清液(含胞外产品)

细胞(灭活处理)

↓

细胞破碎(高压均质处理、研磨、溶菌处理)

↓

细胞碎片分离(离心分离、萃取、过滤)

↓

收集上清液

↓

初步纯化(沉淀、吸附、萃取、超滤)

↓

高度纯化(离子交换、亲和色谱、疏水色谱、吸附、电泳等)

↓

成品加工(无菌过滤、超滤、浓缩、冷冻干燥、喷雾干燥、结晶)

图 11-1　生化药物提取工艺流程的基本模式

　　生物药物因其种类繁多，制备的工艺也不尽相同。下面以微生物发酵产物的制备工艺为例，介绍其生产的主要工艺过程。

　　微生物发酵产物的生产，主要过程如下所示：

　　菌种→斜面培养→种子制备→发酵→发酵液预处理→提取和精制→成品检验→成品包装

1. 菌种

　　系自然界土壤样品中分离获得的菌种（能产生发酵代谢产物或具备某种转化能力的微生物），再经过分离纯化和菌种优化等工作得到优良的菌种。优良的菌种具有较强的自身生产繁殖能力，并能大量生物合成目的产物，其发酵过程易于控制。菌种在多代的繁殖过程中会发生变异而退化，故在生产过程中必须经常进行菌种的选育工作，采用自然分离和诱变育种等手段保持和提高菌种的生产能力和产品质量。此外，还需要在低温、干燥、真空条件下保藏菌种，以减少菌种的变异。

2. 斜面培养

　　这是发酵生产开始的一个重要环节。将处于休眠状态的菌种接种到斜面培养基上，经过培养，使其从长期的休眠状态中苏醒过来，并开始生长繁殖，这是斜面培养的主要目的。有时，仅仅经过一代斜面的培养，菌种还不能完全恢复其活力，菌体的数量也较少，为此常将第一代成熟的斜面菌株，再接种到第二级斜面上。人们将第一代斜面称为母斜面，而将第二代斜面称为子斜面。子斜面长好后可将斜面培养物接入下一道工序。母斜面可以在4℃保存起来，在一定时间内再接种子斜面（通常可以保存一个月左右）。

3. 种子制备

种子的制备可以直接在种子罐中进行，也可以先在玻璃摇瓶中进行，待菌体长到一定数量后再移到种子罐中。采用哪种方法取决于菌种的生长速度和繁殖能力，对于生长速度快、繁殖能力强的菌种，可以将斜面培养物直接接种到种子罐中进行培养；而对于生长速度慢、繁殖能力弱的菌种可以先接入较小的玻璃瓶中进行培养，待菌体长到一定数量后再接入种子罐中。

种子的培养可以采用一级种子罐，待种子长好后直接接入发酵罐中。也可以采用二级种子罐，即一级种子长好后不接入发酵罐中，而是接入放大了的二级种子罐中，待二级种子长好后再接入发酵罐中。必要时还可采用三级种子罐培养种子，这取决于生产的规模和菌种的生长速度。种子制备过程中要定时取样做无菌检查、菌浓度测定、菌丝形态观察和生化指标分析，以确保种子的质量。

4. 发酵

发酵过程在发酵罐中进行，主要目的是使微生物富集大量的代谢产物。发酵开始前，将发酵罐通入蒸汽（空消），然后向发酵罐中加入培养基并通入蒸汽（实消），最后将种子接入发酵罐中进行发酵培养。发酵过程中要对发酵的各种参数进行控制，如控制菌体浓度、各种营养物质的浓度、溶解氧浓度、发酵液的pH、发酵液黏度、培养温度、通气量等。为了延长发酵周期，增加代谢产物的产量，在发酵过程中还要补入适当的新鲜料液。

5. 发酵液预处理

发酵结束后，需要对发酵液进行预处理。发酵液预处理的目的在于改变发酵液的性质，以利于固液分离。根据代谢产物性质的不同，采用的预处理方法也不同。为了释放胞内的代谢产物或为了沉淀可溶性的蛋白质，避免它们对提取过程产生影响，可在发酵液中加入草酸、硫酸锌、黄血盐等；或加入絮凝剂，使细胞或溶解的大分子聚结成较大的颗粒。对化学性质比较稳定的代谢产物还可以通过短时间加热的方法使蛋白质变性沉淀。为了加快过滤速度，还可以在发酵液中加入硅藻土、珍珠石等助滤剂。

6. 提取和精制

为了提取代谢产物，一般采用板框过滤和鼓式真空过滤机或离心分离的方法，将菌体和发酵上清液分开。若产物在滤液中就要将滤液做进一步处理，除掉部分杂质，以利于下一步的提取。如产物在菌体内，需经细胞破碎、碎片分离等，通常先用有机溶剂进行萃取，然后采用相应的方法进行初步纯化。常用的方法有沉淀法、溶剂萃取法、双水相萃取法、离子交换法、吸附法等。对于脂溶性的代谢产物常采用溶剂萃取法、大孔树脂吸附法进行提取；对于水溶性的代谢产物则常采用离子交换法、沉淀法或大孔树脂吸附法进行提取。提取后得到的粗品纯度一般不高，为了制成符合药典规定纯度的药品，还要将粗品进行精制（高度纯化），精制的方法常采用结晶、重结晶、亲和色谱等方法。

7. 成品检验

发酵产品为医药品时，要按药典上的质量标准逐项对产品进行检验分析，包括产品的外观性状检查、产品的鉴别、有关物质的检查、含量检定、毒性试验、热原试验、无菌检查、升降压物质试验等。非医药用的微生物产物按各行业的质量标准逐项进行产品的质量分析。

8. 成品包装

微生物发酵产物一般有大包装和小包装两种包装方法。根据产品的稳定性采用不同的包装材料和包装形式，如产品的吸湿性强，则要采用防湿包装材料。

二、生物制药生产工艺的优化

生物制药工业在几十年的历史发展过程中，生产工艺不断改进，技术不断创新。

1. 微生物培养技术的发展

发酵生产由最初的表面培养法，发展到深层培养法，极大地提高了菌种的生产能力。随着发酵品种的增加，需要不同的培养方式，因而产生了补料发酵、连续发酵、固体发酵、高密度发酵等新的培养方式。补料分批发酵，可以延长发酵周期，显著提高发酵水平；连续发酵有利于生产的连续化、自动化；固体发酵成本低，工艺过程简单，适用于农用杀虫剂、酶制剂等的生产；高密度发酵产量高，常用于基因工程菌的发酵。

2. 发酵控制技术的发展

随着对发酵过程认识的不断深入，也随着其他领域科学技术的不断发展，人们控制发酵过程的能力不断加强。各种发酵参数（如温度、搅拌转数、通气量、罐压力等）从最初的人工测量与控制，发展到使用自动化仪表进行测量与控制，再发展到目前的计算机控制。这些进步，极大地提高了发酵过程控制的水平，从而显著提高了发酵水平。

发酵控制水平的提高得益于计算机技术的发展、测量仪器制造技术的发展，特别是高性能计算机的普及和传感器制造技术的发展，为发酵过程的计算机控制开创了新的局面。例如，可耐高温的 pH 电极、溶氧电极的制造成功，使得 pH 和溶解氧浓度实现了在线测定，从而可以随时计算出发酵过程的摄氧率、呼吸熵等参数，为发酵过程的控制提供了更多可利用的参数。

近年来，新型生物传感器的出现与应用，又促进了发酵控制技术的发展。国外已经出现可测定乙醇浓度的生物传感器，在乙醇发酵生产中可在线测定乙醇的产量；测定葡萄糖浓度的生物传感器也已经出现，可在线测定发酵过程中糖的浓度，为发酵过程中实现糖浓度的自动控制提供了强有力的工具。目前，越来越多的适用于发酵过程中发酵产物检测的生物传感器已经制造出来，有些已经在生产上得到应用。

此外，近年来采用气相色谱-质谱联用技术对发酵尾气进行在线测定，从而有助于分析发酵过程和控制发酵过程。如在阿维菌素的发酵中发现用此技术测定的数据更为全面和精确，由此计算的间接参数更为合理；计算出的呼吸熵可以作为葡萄糖浓度过低的预警，参与补料速率控制；另外，还提供了临界通气量的数值。

3. 生物反应器制造技术的发展

在现代生物技术发展中，高效率、低能耗生物反应器的研制成功起了重要作用，其高效率取决于其自动化程度和精细控制系统。传统的混合式发酵罐是发酵工业中最常用的生物反应器，大容量的发酵罐可以提高发酵生产效率、降低生产成本。但是，大容量的发酵罐制造难度大，工艺要求高。随着我国机械制造技术的进步，发酵罐的制造技术也不断提高。过去只能制造 $50\sim100L$ 的发酵罐，现在已经能够制造 $200L$ 甚至更大容量的发酵罐。此外，发酵过程采用计算机控制，生产过程实现了连续化、自动化，工艺控制精度的提高也进一步提高了菌种的生产能力。

4. 分离纯化技术的发展

发酵产物的分离纯化是生物制药的另一个重要过程。分离纯化技术的水平与生物药物的质量和收率有着密切的关系。20 世纪末，一些分离纯化新技术的出现，极大地改变了传统药物的生产工艺，显著提高了产品的质量和收率。采用的新技术主要有：

（1）膜分离技术　随着膜质量的改进和膜装置性能的改善，在生物药物的分离纯化过程中越来越多地使用膜技术。如国内外在青霉素、头孢菌素 C 的分离纯化过程中普遍采用了膜技术。对发酵液首先进行微滤，与传统的过滤方法相比，经过微滤后的上清液更清澈透明，滤液中的杂质显著降低，然后再利用超滤去除一些蛋白质杂质和色素，最后还可以利用纳滤或反渗透进行浓缩。由于这种新的浓缩方法取代了传统的加热真空浓缩，特别适合对热敏感的代谢产物的分离纯化。这样的分离纯化过程，既降低了生产过程中的能耗，又提高了产品的收率和质量。

（2）亲和色谱技术　在蛋白质或多肽类药物的提取纯化过程中，待提取的原料中生物大分子杂质的种类非常多，而所需产物的含量又极低，用一般的分离纯化方法很难得到高纯度的产品。利用亲和色谱技术可使产物分离的选择性和产品的纯度大大提高，除已知的亲和色谱外，亲和过滤、亲和分配、亲和沉淀、亲和膜分离等也是新出现的分离纯化技术。

这些技术的应用，提高了纯化的效率，改进了产品的质量。

第三节　抗生素生产工艺概述

抗生素是人类使用最多的一类抗感染药物，自从青霉素正式投入工业化生产以来已有 100 多种抗生素进入商业化生产，为人类的防病治病作出了重要的贡献。

一、抗生素的定义

抗生素是微生物在其生命活动过程中产生的（或并用化学、生物或生物化学方法衍生的），在低微浓度下能选择性抑制他种生物机能的化学物质。

抗生素的生产，主要是利用微生物发酵，通过生物合成生产天然代谢产物。那些将生物合成法制得的天然代谢产物，再用化学、生物或生化方法进行分子结构改造，制成的各种衍生物，称为半合成抗生素，如氨苄西林（氨苄青霉素）即为半合成青霉素的一种。那些从植物及海洋生物中提取的抗生素物质如小檗碱（黄连素）、海星皂苷等也属于抗生素的范畴。

此外，在抗生素的定义中还包含一个很重要的限制条件，即低微浓度。因为在高浓度下，即使正常的细胞组分如甘氨酸和亮氨酸，也会对某些细菌的生长产生抑制作用。同理，一些厌氧发酵的产物，如乙醇、丁醇在高浓度下也有杀菌或抑菌作用，但不属于抗生素范围。而抗生素的生理活性非常高，只要在微摩尔甚至纳摩尔浓度时就会有显著的生理活性。

抗生素主要来源于土壤微生物，包括各种细菌、真菌和放线菌，其中放线菌最多（链霉菌属多，有氨基糖苷类、四环素类、放线菌素类、大环内酯类）。微生物在其生命活动过程中会产生种类繁多的小分子代谢产物，这些代谢产物一般可分为两类：初级代谢产物和次级代谢产物。初级代谢产物一般属于能量代谢或分解代谢的产物，如乙醇、有机酸、氨基酸等，因此初级代谢产物往往与细胞的生产代谢有密切关系。

抗生素属于低分子量的次级代谢产物，分子量一般不超过几千。溶菌酶及其他复杂的蛋白质分子虽然也具有抗菌活性，但由于它们的分子量很大，因而习惯上不将它们归入抗生素类。另外，那些只能用化学方法合成的抗菌药，如抗真菌的克霉唑等抗菌类药也不属于抗生素范围。

二、抗生素的分类

1. 按抗生素获得途径分类

① 天然抗生素（发酵工程抗生素）：如四环素类抗生素、大环内酯类抗生素。

② 半合成抗生素：如氨苄西林、头孢菌素等。

③ 生物转化与酶工程抗生素。

④ 基因工程抗生素。

2. 按照化学结构分类

① β-内酰胺类：青霉素、头孢菌素。

② 氨基糖苷类：链霉素、新霉素、卡那霉素。

③ 大环内酯类：红霉素。

④ 四环素类：金霉素、土霉素、四环素。

⑤ 多肽类：多黏菌素、放线菌素、杆菌肽。

⑥ 多烯类：制霉菌素、两性霉素。

⑦ 蒽环类：柔红霉素、阿霉素、正定霉素。

⑧ 核苷类：阿胞糖苷、嘌呤霉素、多抗霉素。

⑨ 其他：灰黄霉素、林可霉素、磷霉素。

3. 按生产工艺分类

① 微生物发酵：青霉素、链霉素、四环素、红霉素。

② 化学全合成：氯霉素、磷霉素。

③ 半合成：氨苄西林、头孢菌素、利福平。

三、抗生素的工业生产工艺和质量控制

1. 抗生素工艺特点

其特点为：理论产量难以进行物料衡算（因是次级代谢），产量为生物学变量（差异大，与菌种和培养条件有关），有效成分浓度低并可能被污染。

2. 一般生产过程

抗生素工艺的生产过程包括发酵和提取两个关键工艺，基本过程如下：

菌种→孢子制备→种子制备（接种量 5%～10%）→发酵（接种量 5%～20%）→提取和精制→产品检验→成品包装

（1）菌种　从自然界分离到的野生菌种生产能力低，只是生长速度快、繁殖力强，但次生代谢产物少，不能满足工业上的需求，故要进行人工选育。一个优良菌种应具备的条件为：

① 生长繁殖快，发酵单位高；

② 遗传性能稳定，一定条件下能保持持久的、高产量的抗生素生产能力；

③ 培养条件粗放，发酵过程易于控制；

④ 合成的代谢副产物少，生产的抗生素质量好。

（2）孢子制备　孢子须经过纯种和生产性能的检验。生产上为了获得足够的孢子，常采用较大表面积的固体培养基进行扩大培养。

（3）种子培养　目的是使孢子发芽、繁殖获得足够数量的菌丝，以便接种到发酵罐中。先从摇瓶开始，再接入种子罐。扩大培养级数取决于菌种的性质、生产规模的大小和生产工艺的特点。通常是二级培养。

（4）发酵　目的是使微生物分泌大量的抗生素。培养4～5天，要求无菌空气、搅拌、一定温度和压力，定时取样进行生化分析和无菌检验，指标包括：菌丝形态、残糖含量、氨基氮、溶解氧浓度、pH、抗生素含量和发酵液黏度。控制条件：罐温、通气量、搅拌速度、补料、加酸碱、消泡剂、某些专用前体、促进剂或抑制剂用量。

（5）提取和精制　提取方法根据抗生素性质决定。

（6）成品检验　根据药典要求，检验项目包括效价、毒性试验、无菌试验、热原检查、水分测定、水溶液酸碱度及浑浊度测定、结晶颗粒的色泽及大小测定等。

3. 抗生素的质量控制

抗生素的质量控制由四方面组成：性状描述、鉴别试验、一般检查项目、含量测定。

（1）性状描述　性状描述指外观形态、颜色、气味等。

（2）鉴别试验　鉴别试验包括本身鉴别（红外、色谱）和成盐后的酸根或金属离子鉴别（滴定、比色）。

（3）一般检查项目

① 酸碱度　既要适合临床使用要求，又要使该抗生素处于最稳定状态。

② 熔点　鉴别药物的物理常数，也是判断药物纯度的重要依据。但抗生素熔距一般都较宽。

③ 比旋度　系检查抗生素纯度的重要指标，不同组分之间存在差异。

④ 溶液澄清度和颜色　系产品优劣的一个综合指标。药典规定与浊度标准液比，不得超过0.5号。

⑤ 干燥失重或水分　根据其化学本质和稳定性而定，并非越低越好，有些含结晶水。

⑥ 炽灼残渣及重金属　用以判断其污染状况。

⑦ 异常毒性　药液经口服、静脉注射或腹腔注射于实验动物（小白鼠），48h内观察药品本身引起的毒性反应，以死亡或存活为观察终点。剂量一般用70% LD_{50}。

⑧ 热原　药品污染热原可引起动物及人体温升高，主要由细菌内毒素引起。检查时将药液以一定剂量静脉注射于家兔，以其体温升高的程度进行判断。

⑨ 降压物质　用猫颈动脉血压法检查，以组胺为对照。

⑩ 无菌试验　用酶法或微孔滤膜法将抗生素与杂菌分离，检查制品中有无杂菌存在。

⑪ 杂质　非毒性杂质要小于5%（生产中伴生的或分解后形成的，难以完全

去除但基本无毒)、毒性杂质必须严格控制。

⑫ 溶出度　系药物从片剂或胶囊等固体制剂，在规定的介质中在一定条件下，溶出的速度和溶出程度。模拟胃肠道崩解和溶出的体外试验，是制剂质量控制的一种手段。

⑬ 注射用的不溶性微粒　注射液中的不溶性微粒会引起血管肉芽肿、静脉炎及血栓，对心肌和肝脏等器官有损害。可采用显微计数和光阻法测定。

（4）含量测定　含量测定包括生物检定（效价）和理化含量测定。效价为抗生素对敏感菌杀死或抑制的程度，检定方法有稀释法、管碟法（扩散法）和比浊法。理化测定（含量）一般采用高效液相色谱法（HPLC）。

习　题

一、单选题

1.《药品生产质量管理规范》的缩写是（　　）。
A. GMP　　　　B. GLP　　　　C. GCP　　　　D. WHO

2. 微生物最容易利用的碳源是（　　）。
A. 糊精　　　　B. 葡萄糖　　　　C. 乳糖　　　　D. 麦芽糖

3. 如菌种是细菌，则最适宜的培养温度是（　　）。
A. 25～30℃　　B. 32～37℃　　C. 20～25℃　　D. 18～23℃

4. 干燥不稳定物质时，常用的干燥方法是（　　）。
A. 红外线干燥　　B. 冷冻干燥　　C. 沸腾干燥　　D. 喷雾干燥

5. 细胞破碎主要是用于提取（　　）的发酵产物。
A. 细胞外　　　　B. 细胞内　　　　C. 细胞核　　　　D. 细胞质

二、多选题

1. 微生物制药的工业发酵类型有（　　）。
A. 微生物菌体发酵　B. 微生物酶发酵　C. 微生物代谢产物发酵
D. 微生物转化发酵　E. 生物工程细胞发酵

2. 下列属于微生物药物的是（　　）。
A. 抗生素　　　　B. 维生素　　　　C. 生物制品　　　　D. 氨基酸

3. 培养基的质量控制包括（　　）。
A. 各成分配比　　B. 原材料的质量　C. 灭菌操作过程　D. pH

4. 种子培养过程中常见的问题有（　　）。
A. 菌丝结团和粘壁　　　　　　　B. 菌种生长发育过快或过慢
C. 种子染菌　　　　　　　　　　D. 种子质量差

5. 常用的初步纯化方法有（　　）。
A. 离子交换法　　　　　　　　　B. 沉淀法
C. 溶剂萃取法　　　　　　　　　D. 色谱分离法

6. 有机溶剂沉淀法多用于下列哪些物质的分离纯化？（　　）
A. 蛋白质　　　　　　　　　　　B. 多糖

C. 核酸　　　　　　　　　　　　　D. 生物小分子

三、判断题

1.（　　　）生物药物包括生化药物和微生物药物。

2.（　　　）生物反应器是微生物实现目标生物化学反应过程的关键场所。

3.（　　　）从发酵液中分离、精制有关产品的过程称为发酵生产的下游加工过程。

四、简答题

1. 简述微生物制药的一般过程。

2. 简述生物药物发展的三个阶段。

参 考 文 献

［1］ 国家药典委员会编．中华人民共和国药典（2020 年版）［M］．北京：中国医药科技出版社，2020.

［2］ 中华人民共和国药品管理法［M］．北京：中国法制出版社，2019.

［3］ 万春艳．药品生产质量管理规范（GMP）实用教程［M］.3 版．北京：化学工业出版社，2024.

［4］ 卢楚霞，等．药剂学基础［M］.2 版．北京：中国医药科技出版社，2020.

［5］ 元英进．制药工艺学［M］.2 版．北京：化学工业出版社，2017.

［6］ 孙国香，等．化学制药工艺学［M］.2 版．北京：化学工业出版社，2018.

［7］ 葛驰宇．生物制药工艺学［M］.北京：化学工业出版社，2019.

［8］ 霍清．制药工艺学［M］.2 版．北京：化学工业出版社，2016.

［9］ 张素萍．中药制药生产技术［M］.3 版．北京：化学工业出版社，2015.

［10］ 李淑清．制药工艺基础［M］.北京：人民卫生出版社，2008.

［11］ 蒋平，等．布洛芬的醛肟转化制备法工艺改进［J］.中医药工业杂志，1991，22（4）.